建筑工程施工现场岗位技能五步上岗系列

抹灰工

侯永利　主编

北京土木建筑学会　组织编写

江苏凤凰科学技术出版社

图书在版编目（CIP）数据

抹灰工/侯永利主编．—南京：江苏凤凰科学技术出版社，2016.8

（建筑工程施工现场岗位技能五步上岗系列/魏文彪主编）

ISBN 978-7-5537-6869-4

Ⅰ.①抹…　Ⅱ.①侯…　Ⅲ.①抹灰-技术培训-教材 Ⅳ.①TU754.2

中国版本图书馆 CIP 数据核字（2016）第 166866 号

建筑工程施工现场岗位技能五步上岗系列

抹 灰 工

主　　编	侯永利
项目策划	凤凰空间/ 翟永梅
责任编辑	刘屹立
特约编辑	翟永梅

出版发行	凤凰出版传媒股份有限公司 江苏凤凰科学技术出版社
出版社地址	南京市湖南路 1 号 A 楼，邮编：210009
出版社网址	http：//www. pspress. cn
总　经　销	天津凤凰空间文化传媒有限公司
总经销网址	http：//www. ifengspace. cn
经　　销	全国新华书店
印　　刷	天津泰宇印务有限公司

开　　本	889 mm×1 194 mm　1/32
印　　张	5.75
字　　数	144 000
版　　次	2016 年 8 月第 1 版
印　　次	2023 年 3 月第 2 次印刷

标准书号	ISBN 978-7-5537-6869-4
定　　价	28.00 元

图书如有印装质量问题，可随时向销售部调换（电话：022-87893668）。

内 容 提 要

本书将抹灰工上岗分为五步：第一步——确保上岗资格；第二步——遵守行业规范；第三步——熟悉材料工具；第四步——掌握施工技术；第五步——保障施工安全。

本书从基础起步，真正做到从“零”讲起，把复杂的知识点，进行深入浅出的讲解，思路清晰、图文并茂。本书可以作为大专院校相关专业的辅导用书，也可作为抹灰工人员的学习参考用书。

前言

Preface

建筑业一直以来都是我国国民经济的支柱产业，随着国家建设步伐的加快，对建筑工程人才的需求量也在急剧上升。与此同时，建筑工程对基层施工人员的技能要求也越来越高，他们技术水平的高低直接关系到工程项目施工的质量和效率。对此，我国在建筑行业开展关键岗位培训考核和持证上岗工作，对于提高从业人员的专业技术水平和职业素养，促进施工现场规范化管理，保证工程质量和安全以及推动行业发展和进步发挥了重要作用，且随着技术进步，有着越来越高的要求。

编者撰写本丛书的目的是为了让从业者能够更加快速地走上工作岗位，完成好本职工作。

本丛书包括：

《建筑工程施工现场岗位技能五步上岗系列——钢筋工》

《建筑工程施工现场岗位技能五步上岗系列——抹灰工》

《建筑工程施工现场岗位技能五步上岗系列——测量放线工》

《建筑工程施工现场岗位技能五步上岗系列——木工》

《建筑工程施工现场岗位技能五步上岗系列——模板工》

《建筑工程施工现场岗位技能五步上岗系列——混凝土工》

《建筑工程施工现场岗位技能五步上岗系列——建筑电工》

《建筑工程施工现场岗位技能五步上岗系列——水暖工》

《建筑工程施工现场岗位技能五步上岗系列——砌筑工》

《建筑工程施工现场岗位技能五步上岗系列——防水工》

《建筑工程施工现场岗位技能五步上岗系列——架子工》

丛书内容采用“五步上岗”的编写形式，分为确保上岗资格、遵守行业规范、熟悉材料工具、掌握施工技术、保障施工安

全，即使读者对于相关工种工作零经验，也能够很快上手。此外，本书编写内容简明，通俗易懂，图文并茂，融新技术、新材料、新工艺与管理工作为一体，能够满足不同文化层次的技术工人和读者的需求。

本书由候永利老师主编，第一步由张跃、刘梦然老师编写；第二步由李长江、王玉静老师编写；第三步由张正南、王启立老师编写；第四步由候永利老师编写；第五步由刘海明、李佳滢老师编写。参与本书编写的老师还有朱思光、江超、梁燕、许春霞。

本书在编写过程中承蒙有关高等院校、建设主管部门、建设单位、工程咨询单位、监理单位、设计单位、施工单位等方面的领导和工程技术、管理人员，以及对本书提供宝贵意见和建议的学者、专家的大力支持，在此一并向他们表示由衷的感谢！书中参考了相关教材、规范、图集、文献资料等，在此谨向这些文献的作者致以诚挚的敬意！

编　者

2016 年 7 月

目 录 Contents

第一步 确保上岗资格

第二步 遵守行业规范

第三步　熟悉材料工具

第四步 掌握施工技术

第五步 保障施工安全

第一步
确保上岗资格

1 抹灰工申报的资格

1.1 抹灰工简介

(1) 概念

抹灰工职业等级分为初级、中级、高级。

抹灰工即建筑抹灰工，抹灰工是土建专业工种中的重要成员之一，专指从事抹灰工程的人员，即将各种砂浆、装饰性水泥石子浆等涂抹在建筑物的墙面、地面、顶棚等表面上的施工人员。

(2) 组成和作用

抹灰工作一般分为3层，即底层、中层和面层。

底层主要起与基层黏结和初步找平的作用；中层起找平的作用；面层起装饰的作用。

抹灰工程按使用的材料和装饰效果分为一般抹灰、装饰抹灰和特殊抹灰。

(3) 意义

通过使用各种砂浆、涂料等对建筑物表面进行覆盖，从而增强建筑物的防潮、保温、隔热性能，改善居住和

工作条件，同时又对建筑物起到保护作用，延长房屋寿命。

1.2 报考初级技工资格

具备以下条件之一者，可报考初级技工：

①从事本工种工作 3 年以上，由所在企业出具工龄证明；

②职业学校中专、职中、技校的毕业生。

1.3 报考中级技工资格

具备以下条件之一者，可报考中级技工：

①应具备 6 年以上工种工龄，或持初级工证书 2 年以上，经省建设厅批准的建设类培训机构培训、考核合格并获本工种“培训合格证”的人员；

②对口专业职校毕业生或大专以上学历，经 1 年以上本工种实践的学生。

1.4 报考高级技工资格

具备以下条件之一者，可报考高级技工：

①应具备 10 年以上本工种工龄，或持中级工证书 3 年以上，经省建设厅批准的建设类培训机构培训、考核合格并获本工种“培训合格证”的人员；

②高级技工学校毕业生，对口专业大专以上毕业生，2 年以上本工种实践经验或经培训机构进行相关工种的高级工课程培训合格者。

2 抹灰工考试的考点

2.1 抹灰工理论知识

①识图基础知识；

②常用抹灰材料的种类、规格及保管；

③常用抹灰砂浆的配合比，使用部位及配制方法；

④室内墙面、顶棚、墙裙、踢脚线、内窗台等操作方法；

⑤室外墙面、檐口、腰线、明沟、勒脚、散水坡等操作方法；

⑥抹水泥砂浆和细石混凝土地面的方法；

⑦镶贴瓷砖、面砖、缸砖的一般常识；

⑧水刷石、干粘石、假石和普通水磨石的一般常识；

⑨本工种安全操作规程和文明施工要求。

2.2 抹灰工实操知识

①会做内外墙面抹灰的灰饼、挂线、冲筋；

②会做内墙石灰砂浆和混合砂浆抹灰；

③会做外墙混合砂浆抹灰；

④会抹内墙水泥砂浆护角线、墙裙、踢脚线、内窗台、梁、柱；

⑤会抹外墙水泥砂浆檐口、腰线、明沟、勒脚、散水坡；

⑥会抹内墙混凝土顶棚；

⑦会抹水泥砂浆和细石混凝土地面；

⑧会镶贴内外墙面一般饰面砖；

⑨会抹外墙一般水刷石、干粘石、假石和普通水磨石。

第二步
遵守行业规范

1 抹灰工涉及的法律、法规（摘录）

1.1 建筑法

(1) 建筑法赋予抹灰工的权利

①有权对影响人身健康的作业程序和作业条件提出改进意见，有权获得安全生产所需的防护用品，对危及生命安全和人身健康的行为有权提出批评、检举和控告；

②对建筑工程的质量事故、质量缺陷有权向建设行政主管部门或者其他有关部门进行检举、控告、投诉。

(2) 保障他人合法权益

从事抹灰工作业时应当遵守法律、法规，不得损害社会公共利益和他人的合法权益。

(3) 不得违章作业

抹灰工在作业过程中，应当遵守有关安全生产的法律、法规和建筑行业安全规章、规程，不得违章指挥或者违章作业。

(4) 依法取得执业资格证书

从事建筑活动的抹灰工技术人员，应当依法取得执业资格证书，并在执业资格证书许可的范围内从事建筑活动。

(5) 安全生产教育培训制度

抹灰工在施工单位应接受安全生产的教育培训，未经安全生产教育培训的抹灰工不得上岗作业。

(6) 施工中严禁违反的条例

必须严格按照工程设计图样和施工技术标准施工，不得偷工减料或擅自修改工程设计。

(7) 不得收受贿赂

在工程发包与承包中索贿、受贿、行贿，构成犯罪的，依法追究刑事责任；不构成犯罪的，分别处以罚款，没收贿赂的财物。

1.2 消防法

(1) 消防法赋予抹灰工的义务

维护消防安全、保护消防设施、预防火灾、报告火警、参加有组织的灭火工作。

(2) 造成消防隐患的处罚

抹灰工在作业过程中，不得损坏、挪用或者擅自拆除、停用消防设施、器材，不得埋压、圈占、遮挡消火栓或者占用防火间距，不得占用、堵塞、封闭疏散通道、安全出口、消防车通道。人员密集场所的门窗不得设置影响逃生和灭火救援的障碍物。违者处5000元以上50 000元以下罚款。

1.3 电力法

抹灰工在作业过程中，不得危害发电设施、变电设施和电力线路设施及其有关辅助设施；不得非法占用变电设施用地、输电线路走廊和电缆通道；不得在依法划定的电力设施保护区内堆放可能危及电力设施安全的物品。

1.4 计量法

抹灰工在作业过程中，不得破坏使用计量器具的准确度，损害国家和消费者的利益。

1.5 劳动法、劳动合同法

(1) 劳动法、劳动合同法赋予抹灰工的权利

①享有平等就业和选择职业的权利；
②取得劳动报酬的权利；
③休息休假的权利；
④获得劳动安全卫生保护的权利；
⑤接受职业技能培训的权利；
⑥享受社会保险和福利的权利；
⑦提请劳动争议处理的权利；
⑧法律规定的其他劳动权利。

(2) 劳动合同的主要内容

①用人单位的名称、住所和法定代表人或者主要负责人；

②劳动者的姓名、住址和居民身份证或者其他有效身份证件号码；

③劳动合同期限；

④工作内容和工作地点；

⑤工作时间和休息休假；

⑥劳动报酬；

⑦社会保险；

⑧劳动保护、劳动条件和职业危害防护；

⑨法律、法规规定应当纳入劳动合同的其他事项；

⑩劳动合同除前款规定的必备条款外，用人单位与劳动者可以约定试用期、培训、保守秘密、补充保险和福利待遇等其他事项。

(3) 劳动合同订立的期限

根据国家法律规定，在用工前订立劳动合同的，劳动关系自用工之日起建立。已建立劳动关系，未同时订立书面劳动合同的，应当自用工之日起一个月内订立书面劳动合同。

(4) 劳动合同的试用期限

劳动合同期限3个月以上不满1年的，试用期不得超过1个月；劳动合同期限1年以上不满3年的，试用期不得超过2个月；3年以上固定期限和无固定期限的劳动合同，试用期不得超过6个月。

(5) 劳动合同中不约定试用期的情况

以完成一定工作任务为期限的劳动合同或者劳动合同期限不满3个月的，不得约定试用期。

(6) 劳动合同中约定试用期不成立的情况

劳动合同仅约定试用期的，试用期不成立，该期限为劳动合同期限。

(7) 试用期的工资标准

试用期的工资不得低于本单位相同岗位最低档工资或者劳动合同约定工资的80%，并不得低于用人单位所在地的最低工资标准。

(8) 没有订立劳动合同情况下的工资标准

用人单位未在用工的同时订立书面劳动合同，与劳动者约定的劳动报酬不明确的，新招用的劳动者的劳动报酬按照集体合同规定的标准执行，没有集体合同或者集体合同未规定的，实行同工同酬。

(9) 无固定期限劳动合同

无固定期限劳动合同，是指用人单位与劳动者约定无确定终止时间的劳动合同。

(10) 固定期限劳动合同

固定期限劳动合同，是指用人单位与劳动者约定合同终止时间的劳动合同。抹灰工在该用人单位连续工作满10年的，应当订立无固定期限劳动合同。

(11) 工作时间制度

国家实行劳动者每日工作时间不超过8小时、平均每周工作时间不超过44小时的工时制度。

(12) 休息时间制度

用人单位应当保证劳动者每周至少休息一日，在元旦、春节、国际劳动节、国庆节、法律、法规规定的其他休假节日期间应当依法安排劳动者休假。

(13) 集体合同的工资标准

集体合同中劳动报酬和劳动条件等标准不得低于当地人民政府规定的最低标准；用人单位与劳动者订立的劳动合同中劳动报酬和劳动条件等标准不得低于集体合同规定的标准。

(14) 非全日制用工

①非全日制用工，是指以小时计酬为主，劳动者在同一用人单位一般平均每日工作时间不超过 4 小时，每周工作时间累计不超过 24 小时的用工形式；

②非全日制用工双方当事人不得约定试用期。

1.6 安全生产法

(1) 安全生产法赋予抹灰工的权利

①抹灰工作业人员有权了解其作业场所和工作岗位存在的危险因素、防范措施及事故应急措施，有权对本单位的安全生产工作提出建议；

②抹灰工作业人员有权对本单位安全生产工作中存在的问题提出批评、检举、控告；有权拒绝违章指挥和强令冒险作业；

③抹灰工作业时，发现危及人身安全的紧急情况，有权停止作业或采取应急措施后撤离作业场所；

④抹灰工因生产安全事故受到损害，除依法享有工伤保险外，依照有关民事法律尚有获得赔偿的权利的，有权向本单位提出赔偿要求；

⑤抹灰工享有配备劳动防护用品、进行安全生产培训的权利。

(2) 安全生产法赋予抹灰工的义务

①作业过程中，应当严格遵守本单位的安全生产规章制度和操作规程，服从管理，正确佩戴和使用劳动防护用品；

②发现事故隐患或者其他不安全因素，应当立即向现场安全生产管理人员或者本单位负责人报告；接到报告的人员应当及时予以处理；

③认真接受安全生产教育和培训，掌握本职工作所需的安全生产知识，提高安全生产技能，增强事故预防和应急处理能力。

(3) 抹灰工人员应具备的素质

具备必要的安全生产知识，熟悉有关的安全生产规章制度和安全操作规程，掌握本岗位的安全操作技能，了解事故应急处理措施，知悉自身在安全生产方面的权利和义务。

(4) 掌握“四新”

抹灰工作业人员在采用新工艺、新技术、新材料、新设备的同时，必须了解、掌握其安全技术特性，采取有效的安全防护措施；严禁使用应当淘汰的、危及生产安全的工艺、设备。

(5) 员工宿舍

生产、经营、储存、使用危险物品的车间、商店、仓库不得与员工宿舍在同一座建筑物内，并与员工宿舍保持安全距离。员工宿舍应设有符合紧急疏散要求、标志明显、保持畅通的出口。

1.7 保险法、社会保险法

(1) 社会保险法赋予抹灰工的权利

依法享受社会保险待遇，有权监督本单位为其缴费情况，有权查询缴费记录、个人权益记录，要求社会保险经办机构提供社会保险咨询等相关服务。

(2) 用人单位应缴纳的保险

①基本养老保险，由用人单位和抹灰工共同缴纳；

②基本医疗保险，由用人单位和抹灰工按照国家规定共同缴纳基本医疗保险费；

③工伤保险，由用人单位按照本单位抹灰工工资总额，根据社会保险经办机构确定的费率缴纳；

④失业保险，由用人单位和抹灰工按照国家规定共同缴纳；

⑤生育保险，由用人单位按照国家规定缴纳。

(3) 基本医疗保险不能支付的医疗费

①应当从工伤保险基金中支付的；

②应当由第三人负担的；

③应当由公共卫生负担的；

④在境外就医的。

(4) 适用于工伤保险待遇的情况

因工作原因受到事故伤害或者患职业病，且经工伤认定的，享受工伤保险待遇；其中，经劳动能力鉴定丧失劳动能力的，享受伤残待遇。

(5) 领取失业保险金的条件

①失业前用人单位和本人已经缴纳失业保险费满1年的；
②非因本人意愿中断就业的；
③已经进行失业登记，并有求职要求的。

(6) 适用于领取生育津贴的情况

①女抹灰工生育享受产假；
②享受计划生育手术休假；
③法律、法规规定的其他情形。

生育津贴按照抹灰工所在用人单位上年度抹灰工月平均工资计发。

1.8　环境保护法

(1) 环境保护法赋予抹灰工的权利

发现地方各级人民政府、县级以上人民政府环境保护主管部门和其他负有环境保护监督管理职责的部门不依法履行职责的，有权向其上级机关或者监察机关举报。

(2) 环境保护法赋予抹灰工的义务

应当增强环境保护意识，采取低碳、节俭的生活方式，自觉履行环境保护义务。

1.9 中华人民共和国民法通则

民法通则赋予抹灰工的权利。

抹灰工对自己的发明或科技成果，有权申请领取荣誉证书、奖金或者其他奖励。

1.10 建设工程安全生产管理条例

(1) 安全生产管理条例赋予抹灰工的权利

①依法享受工伤保险待遇；

②参加安全生产教育和培训；

③了解作业场所、工作岗位存在的危险、危害因素及防范和应急措施，获得工作所需的合格劳动防护用品；

④对本单位安全生产工作提出建议，对存在的问题提出批评、检举和控告；

⑤拒绝违章指挥和强令冒险作业，发现直接危及人身安全紧急情况时，有权停止作业或者采取可能的应急措施后撤离作业场所；

⑥因事故受到损害后依法要求赔偿；

⑦法律、法规规定的其他权利。

(2) 安全生产管理条例赋予抹灰工的义务

①遵守本单位安全生产规章制度和安全操作规程；

②接受安全生产教育和培训，参加应急演练；

③检查作业岗位（场所）事故隐患或者不安全因素并及时报告；

④发生事故时，应及时报告和处置。紧急撤离时，服从现场统一指挥；

⑤配合事故调查，如实提供有关情况；

⑥法律、法规规定的其他义务。

1.11 建设工程质量管理条例

(1) 建设工程质量管理条例赋予抹灰工的义务

对涉及结构安全的试块、试件以及有关材料，应当在建设单位或者工程监理单位监督下现场取样，并送具有相应资质等级的质量检测单位进行检测。

(2) 重大工程质量的处罚

①违反国家规定，降低工程质量标准，造成重大安全事故，构成犯罪的，对直接责任人员依法追究刑事责任；

②发生重大工程质量事故隐瞒不报、谎报或者拖延报告期限的，对直接负责的主管人员和其他责任人员依法给予行政处分；

③因调动工作、退休等原因离开该单位后，被发现在该单位工作期间违反国家有关建设工程质量管理规定，造成重大工程质量事故的，仍应当依法追究法律责任。

1.12 工伤保险条例

(1) 认定为工伤的情况

①在工作时间和工作场所内，因工作原因受到事故伤害的；

②工作时间前后在工作场所内，从事与工作有关的预备性或者收尾性工作受到事故伤害的；

③在工作时间和工作场所内，因履行工作职责受到暴力等意外伤害的；

④患职业病的；

⑤因工外出期间，由于工作原因受到伤害或者发生事故下落不明的；

⑥在上下班途中，受到非本人主要责任的交通事故或者城市轨道交通、客运轮渡、火车事故伤害的；

⑦法律、行政法规规定应当认定为工伤的其他情形。

(2) 视同为工伤的情况

①在工作时间和工作岗位，突发疾病死亡或者在48小时之内经抢救无效死亡的；

②在抢险救灾等维护国家利益、公共利益活动中受到伤害的；

③抹灰工原在军队服役，因战、因公负伤致残，已取得革命伤残军人证，到用人单位后旧伤复发的。

有前款第①项、第②项情形的，按照本条例的有关规定享受工伤保险待遇；有前款第③项情形的，按照本条例的有关规定享受除一次性伤残补助金以外的工伤保险待遇。

(3) 工伤认定申请表的内容

工伤认定申请表应当包括事故发生的时间、地点、原因以及木工伤害程度等基本情况。

(4) 工伤认定申请的提交材料

①工伤认定申请表；

②与用人单位存在劳动关系（包括事实劳动关系）的证明材料；

③医疗诊断证明或者职业病诊断证明书（或者职业病诊断鉴定书）。

(5) 享受工伤医疗待遇的情况

①在停工留薪期内，原工资福利待遇不变，由所在单位按月支付。

②停工留薪期一般不超过 12 个月。伤情严重或者情况特殊，经设区的市级劳动能力鉴定委员会确认，可以适当延长，但延长不得超过 12 个月。工伤职工评定伤残等级后，停发原待遇，按照本章的有关规定享受伤残待遇。工伤抹灰工在停工留薪期满后仍需治疗的，继续享受工伤医疗待遇。

③生活不能自理的工伤抹灰工在停工留薪期需要护理的，由所在单位负责。

(6) 停止享受工伤医疗待遇的情况

工伤抹灰工有下列情形之一的，停止享受工伤保险待遇：

①丧失享受待遇条件的；

②拒不接受劳动能力鉴定的；

③拒绝治疗的。

1.13 女职工劳动保护规定

(1) 女抹灰工怀孕期间的待遇

①用人单位不得在女抹灰工怀孕期、产期、哺乳期降低其基本工资，或者解除劳动合同。

②女抹灰工在怀孕期间，所在单位不得安排其从事高空、低温、冷水和国家规定的第三级体力劳动强度的劳动。

③女抹灰工在怀孕期间，所在单位不得安排其从事国家规定的第三级体力劳动强度的劳动和孕期禁忌从事的劳动，不得在正常劳动日以外延长劳动时间；对不能胜任原劳动的，应当根据医务部门的证明，予以减轻劳动量或者安排其他劳动。怀孕7个月以上（含7个月）的女抹灰工，一般不得安排其从事夜班劳动；在劳动时间内应当安排一定的休息时间。怀孕的女抹灰工，在劳动时间内进行产前检查，应当算作劳动时间。

(2) 产假的天数

女抹灰工产假为98天，其中产前休假15天。难产的，增加产假15天。多胞胎生育的，每多生育一个婴儿，增加产假15天。女木工怀孕流产的，其所在单位应当根据医务部门的证明，给予一定时间的产假。

2　抹灰工涉及规范（部分）

①《预拌砂浆》（GB/T 25181—2010）；

②《建筑装饰装修工程质量验收规范》（GB 50210—2001）；

③《建筑工程施工质量验收统一标准》（GB 50300—2013）；

④《房屋建筑制图统一标准》（GB/T 50001—2010）；

⑤《技术制图字体》（GB/T 14691—1993）；

⑥《水泥标准稠度用水量、凝结时间、安定性检验方法》（GB/T 1346—2001）；

⑦《建筑砂浆基本性能试验方法标准》（JGJ/T 70—2009）；

⑧《建设用砂》（GB/T 14684—2011）；

⑨《用于水泥和混凝土中的粉煤灰》（GB/T 1596—2005）；

⑩《抹灰砂浆技术规程》（JGJ/T 220—2010）；

⑪《抹灰石膏》(GB/T 28627—2012);

⑫《模塑聚苯板薄抹灰外墙外保温系统材料》(GB/T 29906—2013);

⑬《挤塑聚苯板薄抹灰外墙外保温系统材料》(GB/T 30595—2014);

⑭《机械喷涂抹灰施工规程》(JGJ/T 105—2011);

⑮《建筑保温砂浆》(GB/T 20473—2006);

⑯《通用硅酸盐水泥》(GB 175—2007);

⑰《建筑石膏》(GB/T 9776—2008);

⑱《建筑内部装修设计防火规范》(GB 50222—1995);

⑲《住宅装饰装修工程施工规范》(GB 50327—2001);

⑳《建筑内部装修防火施工及验收规范》(GB 50354—2005);

㉑《民用建筑设计通则》(GB 50352—2005);

㉒《聚氨酯防水涂料》(GB/T 19250—2013);

㉓《聚合物水泥防水涂料》(GB/T 23445—2009);

㉔《地下防水工程质量验收规范》(GB 50208—2011)。

第三步
熟悉材料工具

1 抹灰工材料

1.1 石灰

石灰的技术标准应满足表3-1至表3-3的要求。

表3-1 建筑生石灰的技术指标

项　　目	钙质生石灰			镁质生石灰		
	优等品	一等品	合格品	优等品	一等品	合格品
(CaO+MgO)含量/(%) ≥	90	85	80	85	80	75
未消化残渣含量(5 mm圆孔筛余)/(%) ≤	5	10	15	6	10	15
CO_2/(%) ≤	5	7	9	6	8	10
产浆量/(L/kg) ≥	2.8	2.3	2.0	2.8	2.3	2.0

表3-2 建筑生石灰粉的技术指标

项　　目		钙质生石灰粉			镁质生石灰粉		
		优等品	一等品	合格品	优等品	一等品	合格品
(CaO+MgO)含量/(%) ≥		85	80	75	80	75	70
CO_2 含量/(%) ≤		7	9	11	8	10	12
细度	0.90 mm筛的筛余/(%) ≤	0.2	0.5	1.5	0.2	0.5	1.5
	0.125 mm筛的筛余/(%) ≤	7.0	12.0	18.0	7.0	12.0	18.0

表 3-3 建筑消石灰粉的技术指标

<table>
<tr><th colspan="2" rowspan="2">项　目</th><th colspan="3">钙质消石灰粉</th><th colspan="3">镁质消石灰粉</th><th colspan="3">白云消石灰粉</th></tr>
<tr><th>优等品</th><th>一等品</th><th>合格品</th><th>优等品</th><th>一等品</th><th>合格品</th><th>优等品</th><th>一等品</th><th>合格品</th></tr>
<tr><td colspan="2">(CaO+MgO) 含量/(%)　≥</td><td>70</td><td>65</td><td>60</td><td>65</td><td>60</td><td>55</td><td>65</td><td>60</td><td>55</td></tr>
<tr><td colspan="2">游离水/(%)</td><td>0.4～2</td><td>0.4～2</td><td>0.4～2</td><td>0.4～2</td><td>0.4～2</td><td>0.4～2</td><td>0.4～2</td><td>0.4～2</td><td>0.4～2</td></tr>
<tr><td colspan="2">体积安定性</td><td>合格</td><td>合格</td><td>—</td><td>合格</td><td>合格</td><td>—</td><td>合格</td><td>合格</td><td>—</td></tr>
<tr><td rowspan="2">细度</td><td>0.90 mm 筛的筛余/(%) ≤</td><td>0</td><td>0</td><td>0.5</td><td>0</td><td>0</td><td>0.5</td><td>0</td><td>0</td><td>0.5</td></tr>
<tr><td>0.125 mm 筛的筛余/(%) ≤</td><td>3</td><td>10</td><td>15</td><td>3</td><td>10</td><td>15</td><td>3</td><td>10</td><td>15</td></tr>
</table>

1.2　水泥

①通用硅酸盐水泥的化学指标如表 3-4 所示。

表 3-4 通用硅酸盐水泥的化学指标（质量分数）(单位:%)

<table>
<tr><th>品　种</th><th>代号</th><th>不溶物</th><th>烧失量</th><th>三氧化硫</th><th>氧化镁</th><th>氧离子</th></tr>
<tr><td rowspan="2">硅酸盐水泥</td><td>P·Ⅰ</td><td>≤0.75</td><td>≤3.0</td><td rowspan="3">≤3.5</td><td rowspan="3">≤5.0①</td><td rowspan="8">≤0.06③</td></tr>
<tr><td>P·Ⅱ</td><td>≤1.50</td><td>≤3.5</td></tr>
<tr><td>普通硅酸盐水泥</td><td>P·O</td><td>—</td><td>≤5.0</td></tr>
<tr><td rowspan="2">矿渣硅酸盐水泥</td><td>P·S·A</td><td>—</td><td>—</td><td rowspan="2">≤4.0</td><td>≤6.0②</td></tr>
<tr><td>P·S·B</td><td>—</td><td>—</td><td>—</td></tr>
<tr><td>火山灰质硅酸盐水泥</td><td>P·P</td><td>—</td><td>—</td><td rowspan="3">≤3.5</td><td rowspan="3">≤6.0②</td></tr>
<tr><td>粉煤灰硅酸盐水泥</td><td>P·F</td><td>—</td><td>—</td></tr>
<tr><td>复合硅酸盐水泥</td><td>P·C</td><td>—</td><td>—</td></tr>
</table>

注：①如果水泥压蒸安定性试验合格，则水泥中氧化镁的含量（质量分数）允许放宽至 6.0%。

②如果水泥中氧化镁的含量（质量分数）大于 6.0%，需进行水泥压蒸安定性试验并合格。

③当有更低要求时，该指标由买卖双方协商确定。

②通用硅酸盐水泥的规定龄期的强度要求不应低于表 3-5 中的数值。

表 3-5　通用硅酸盐水泥的规定龄期的强度要求（单位：MPa）

品　　种	强度等级	抗压强度		抗折强度	
		3 d	28 d	3 d	28 d
硅酸盐水泥	42.5	≥17.0	≥42.5	≥3.5	≥6.5
	42.5R	≥22.0		≥4.0	
	52.5	≥23.0	≥52.5	≥4.0	≥7.0
	52.5R	≥27.0		≥5.0	
	62.5	28.0	≥62.5	≥5.0	≥8.0
	62.5R	≥32.0		≥5.5	
普通硅酸盐水泥	42.5	≥17.0	≥42.5	≥3.5	≥6.5
	42.5R	≥22.0		≥4.0	
	52.5	≥23.0	≥52.5	≥4.0	≥7.0
	52.5R	≥27.0		≥5.0	
矿渣硅酸盐水泥 火山灰质硅酸盐水泥 粉煤灰硅酸盐水泥 复合硅酸盐水泥	32.5	≥10.0	≥32.5	≥2.5	≥5.5
	32.5R	≥15.0		≥3.5	
	42.5	≥15.0	≥42.5	≥3.5	≥6.5
	42.5R	≥19.0		≥4.0	
	52.5	≥21.0	≥52.5	≥4.0	≥7.0
	52.5R	23.0		≥4.5	

③通用硅酸盐水泥的特征（见图 3-1）。

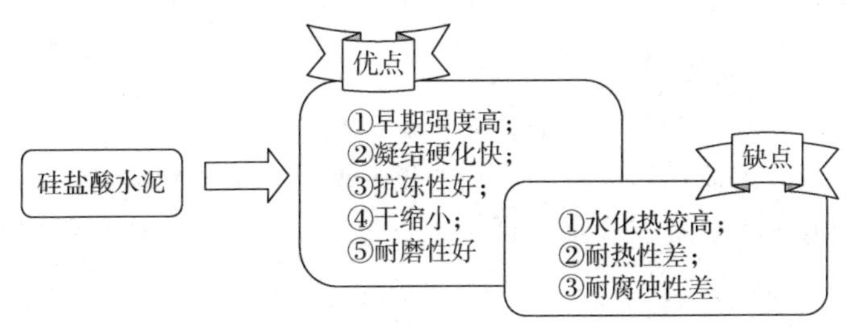

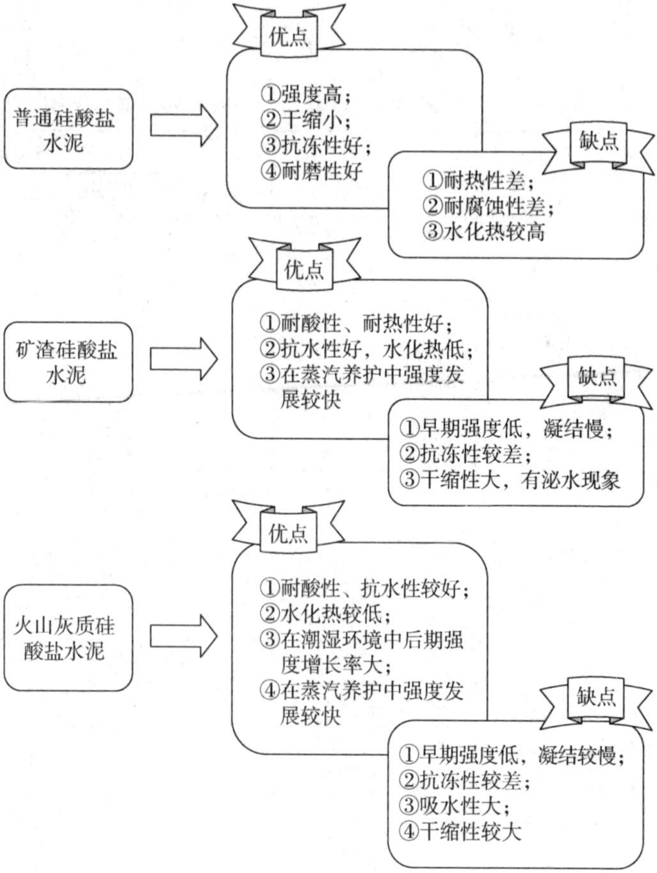

图 3-1　通用硅酸盐水泥的特征

1.3　粉煤灰

①在混凝土中应用的粉煤灰按其氧化钙含量或游离氧化钙含量可分为低钙粉煤灰和高钙粉煤灰两种，低钙粉煤灰和高钙粉煤灰分为Ⅰ级、Ⅱ级和Ⅲ级 3 个等级，其质量指标必须符合表 3-6 的规定。

表 3-6 粉煤灰质量指标

	低钙粉煤灰			高钙粉煤灰			复合粉煤灰
	Ⅰ级	Ⅱ级	Ⅲ级	Ⅰ级	Ⅱ级	Ⅲ级	
细度（45 μm 筛余）/(%)	≤12.0	≤25.0	≤45.0	≤12.0	≤25.0	≤45.0	≤25.0
需水量比/(%)	≤95	≤105	≤115	≤95	≤105	≤115	≤105
烧失量/(%)	≤5.0	≤8.0	≤15.0	≤8.0	≤15.0	≤15.0	
含水量/(%)	≤1.0						
三氧化硫/(%)	≤3.0						≤4.0
游离氧化钙/(%)	≤1.0			≤4.0			—
雷氏法安定性/mm	≤5.0						
氧化镁/(%)	—			—			≤5.0
氯离子/(%)	—			—			≤0.02
碱含量/(%)	—			—			≤1.5
活性指数/(%) 7 d	—			—			≤70.0
活性指数/(%) 28 d	—			—			≤78.0

注：①Ⅲ级粉煤灰只能用于素混凝土。

②碱含量以 Na_2O 计为：$Na_2O+0.658K_2O$。

③当复合粉煤灰氧化镁含量大于 5.0%时，应经安定性压蒸试验检验合格后，方可使用。

②必须获取供料单位关于粉煤灰化学成分的测试报告及与其他材料混合料的强度试验报告、出厂合格证（内容：厂名和批号；合格证编号及日期；粉煤灰的级别及数量）。

③应严格控制混凝土中的粉煤灰掺量，并抽检相关试块强度，确保强度指标符合设计要求。

④粉煤灰砂浆宜采用机械搅拌，保证拌合物均匀。砂浆各组分的计量允许误差（按质量计）：水泥为±2%，粉煤灰、石灰膏和细集料为±5%，总搅拌时间大于或等于 2 min。

⑤粉煤灰散装运输时，必须采取措施，防止污染环境。

⑥干粉煤灰应贮存在有顶盖的料仓中，湿粉煤灰可堆放在

带有围墙的场地上。

⑦袋装粉煤灰的包装袋上应清楚注明粉煤灰厂名、等级、批号及包装日期。

1.4 集料

(1) 轻集料混凝土的分类

轻集料混凝土按用途分类见表 3-7。

表 3-7 轻集料混凝土按用途分类

类别名称	混凝土强度等级的合理范围	混凝土密度等级的合理范围/(kg/m³)	用途
保温轻集料混凝土	CL5.0	≤800	主要用于保温的围护结构热工构筑物
结构保温轻集料混凝土	CL5.0、CL7.5、CL10、CL15	800～1400	主要用于既承重又保温的围护结构
结构轻集料混凝土	CL15、CL20、CL25、CL30、CL35、CL40、CL45、CL50、CL55、CL60	1400～1900	主要用于承重构件或构筑物

(2) 轻集料混凝土的技术要求

①保温及结构保温轻集料混凝土用的轻粗集料，其最大粒径不宜大于 40 mm。结构轻集料混凝土用的轻粗集料，其最大粒径不宜大于 20 mm。

②轻粗集料的级配应符合表 3-8 的要求，其自然级配的空隙率不应大于 50%。

表 3-8 轻粗集料的级配

筛孔尺寸		d_{min}	$\frac{1}{2}d_{max}$	d_{max}	$2d_{min}$
圆球型的及单一粒级	累计筛余（按质量计,%）	≥90	不规定	≤10	0
普通型的混合级配		≥90	30～70	≤10	0
碎石型的混合级配		≥90	40～60	≤10	0

③轻砂的细度模数不宜大于4.0；其大于5 mm的累计筛余不宜大于10%（按质量计）。

④轻集料的堆积密度等级按表3-9划分。其实际堆积密度的变异系数：圆球型的和普通型的轻粗集料不应大于0.10；碎石型的轻集料不应大于0.15。

表3-9 轻集料的堆积密度等级

密度等级		堆积密度范围/(kg/m³)
轻粗集料	轻砂	
300	—	210～300
400	—	310～400
500	500	410～500
600	600	510～600
700	700	610～700
800	800	710～800
900	900	810～900
1000	1000	910～1000
—	1100	1010～1100
—	1200	1110～1200

⑤轻粗集料的筒压强度和强度等级应不小于表3-10的规定值。

表3-10 轻粗集料的筒压强度及强度等级

密度等级	筒压强度 f_a/MPa		强度等级 f_{ak}/MPa	
	碎石型	普通型和圆球型	普通型	圆球型
300	0.2/0.3	0.3	3.5	3.5
400	0.4/0.5	0.5	5.0	5.0
500	0.6/1.0	1.0	7.5	7.5
600	0.8/1.5	2.0	10	15

续表 3-10

密度等级	筒压强度 f_a/MPa		强度等级 f_{ak}/MPa	
	碎石型	普通型和圆球型	普通型	圆球型
700	1.0/2.0	3.0	15	20
800	1.2/2.5	4.0	20	25
900	1.5/3.0	5.0	25	30
1000	1.8/4.0	6.5	30	40

注：碎石型天然轻集料取斜线以左值；其他碎石型轻集料取斜线以右值。

⑥轻砂和天然轻粗集料的吸水率不作规定；其他轻粗集料的吸水率不应大于22%。

⑦轻集料中严禁混入煅烧过的石灰石、白云石和硫化铁等体积不稳定的物质。轻集料的有害物质含量和其他性能指标不应大于表3-11的规定值。

表 3-11　轻集料性能指标

项目名称	指　　标
抗冻性（D15，质量损失，%）	5
安定性（煮沸法，质量损失，%）	5
烧失量[①]，轻粗集料（质量损失，%）	4
轻　　砂（质量损失，%）	5
硫酸盐含量（按 SO_3 计，%）	1
氯盐含量（按 Cl^- 计，%）	0.02
含泥量[②]（质量，%）	3
有机杂质（用比色法检验）	不深于标准色

注：①煤渣烧失量可放宽至15%。

②不宜含有黏土块。

1.5　抹灰砂浆

①抹灰前应检查栏杆、预埋件等位置的准确性和连接的牢固性。将基层的孔洞、沟槽填补密实、整平。清除基层表面的

浮灰，并宜洒水润湿。

②用通用硅酸盐水泥拌制抹灰砂浆时，可掺入适量的石灰膏、粉煤灰、粒化高炉渣粉、沸石粉等，不应掺入消石灰粉。

③用砌筑水泥拌制抹灰砂浆时，不得再掺加粉煤灰等矿物掺合料。拌制抹灰砂浆，可根据需要掺入改善砂浆性能的添加剂。

④抹灰砂浆的品种根据使用部位或基体种类选用，如图 3-2所示。

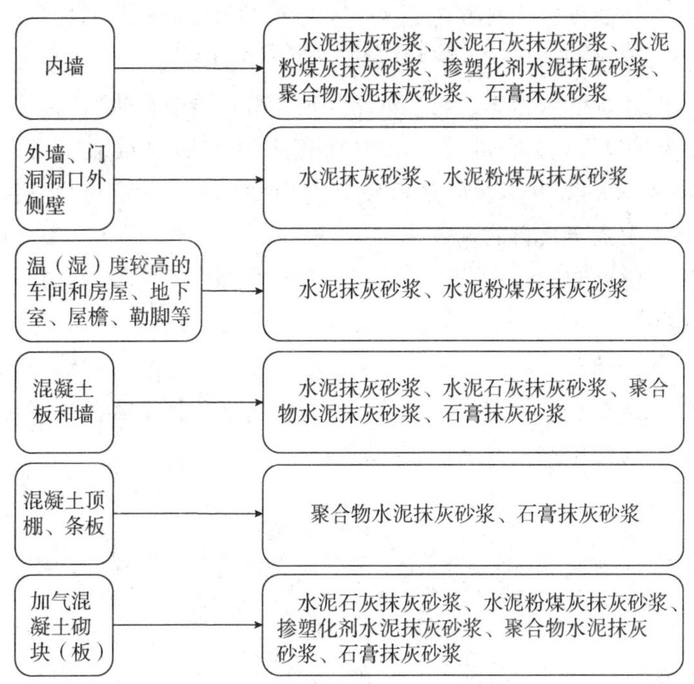

图 3-2 抹灰砂浆的品种选用

⑤抹灰砂浆的施工稠度宜按表 3-12 选取。聚合物水泥抹灰砂浆的施工稠度宜为 50～60 mm，石膏抹灰砂浆的施工稠度为 50～70 mm。

表 3-12 抹灰砂浆的施工稠度

抹灰层	施工稠度/mm
底层	90～110
中层	70～90
面层	70～80

⑥水泥抹灰砂浆和混合砂浆的搅拌时间应自加水开始计算，搅拌时间不得小于 120 s。

⑦预制砂浆和掺有粉煤灰、添加剂等的抹灰砂浆的搅拌时间应自加水开始计算，搅拌时间不得小于 180 s。

⑧抹灰砂浆施工应在主体结构质量验收合格后进行。

⑨抹灰应分层进行，水泥抹灰砂浆每层厚度宜为 5～7 mm，水泥石灰抹灰砂浆每层宜为 7～9 mm，并应待前一层达到六七成干后再涂刷后一层。

⑩强度高的水泥抹灰砂浆不应涂抹在强度低的水泥抹灰砂浆基层上。

⑪当抹灰层厚度大于 35 mm 时，应采取与基体黏结的加强措施。抹灰层如图 3-3 所示。不同材料的基体交界处应设加强网，加强网与各基体的搭接宽度不应小于 100 mm。

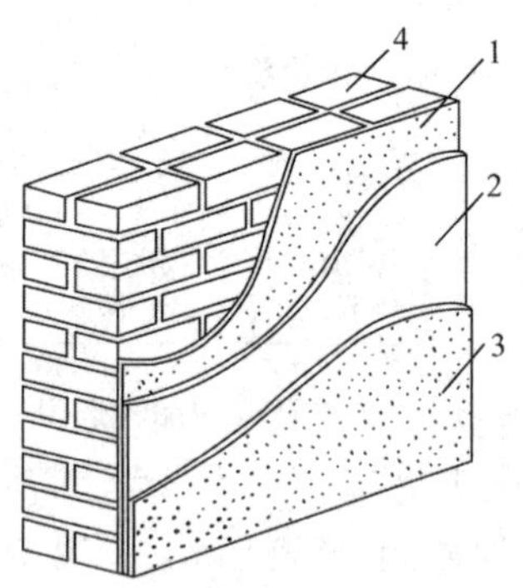

图 3-3 抹灰层

1—底层；2—中层；3—面层；4—基体

⑫各层抹灰砂浆在凝结硬化前，应防止暴晒、淋雨、水冲、撞击、振动。水泥抹灰砂浆、水泥粉煤灰抹灰砂浆和掺塑化剂水泥砂浆宜在润湿的条件下养护。

1.6 建筑石膏

建筑石膏的技术性质见表3-13、表3-14的要求。

表3-13 建筑石膏的分类

类型	天然建筑石膏	脱硫建筑石膏	磷建筑石膏
代号	N	S	P

表3-14 建筑石膏的物理力学性能

等级	细度（0.2 mm方孔筛筛余）	凝结时间/min		2 h强度/MPa	
		初凝	终凝	抗折	抗压
3.0	≤10	≥3	≤30	≥3.0	≥6.0
2.0				≥2.0	≥4.0
1.6				≥1.6	≥3.0

2 抹灰工工具

2.1 铁抹子

铁抹子俗称钢板，分为方头（见图3-4）与圆头两种，一般用于涂抹底灰、水泥砂浆面层、水刷石及水磨石面层等。

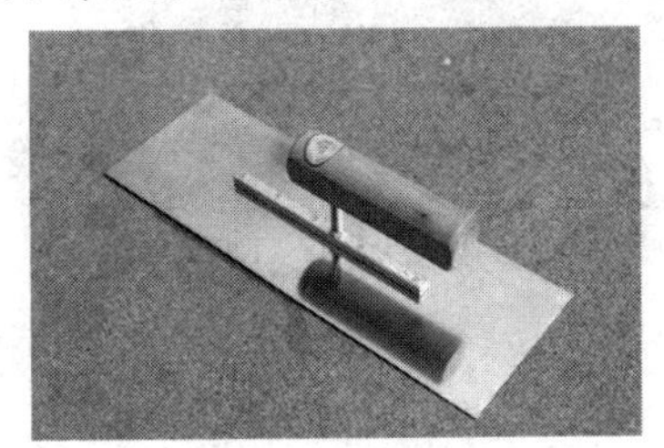

图3-4 方头铁抹子

2.2 钢皮抹子

钢皮抹子（图 3-5）外形类似于铁抹子，但是较薄，弹性较大，一般用于抹水泥砂浆面层和地面压光等。

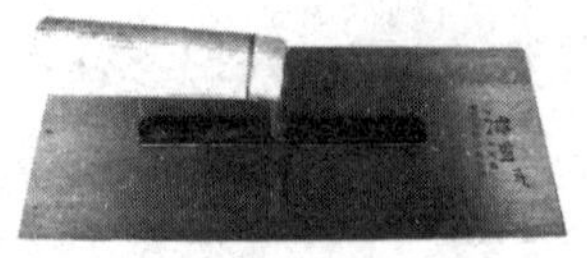

图 3-5 钢皮抹子

2.3 压抹子

压抹子用于水泥砂浆的面层压光和纸筋石灰浆、麻刀石灰浆的罩面等，如图 3-6 所示。

图 3-6 压抹子

2.4 塑料抹子

塑料抹子是用硬质聚乙烯塑料做成的抹灰器具，如图 3-7 所示，其用途是压光纸筋灰等面层。

图 3-7 塑料抹子

2.5 木抹子

木抹子的作用是搓平底灰和搓毛砂浆表面，如图 3-8 所示。

图 3-8 木抹子

2.6 阴阳角抹子

阴阳角抹子用于压光阴角，如图 3-9 所示。

图 3-9 阴阳角抹子

2.7 捋角器

捋角器用于捋水泥抱角的素水泥浆，作护角层用，如图 3-10 所示。

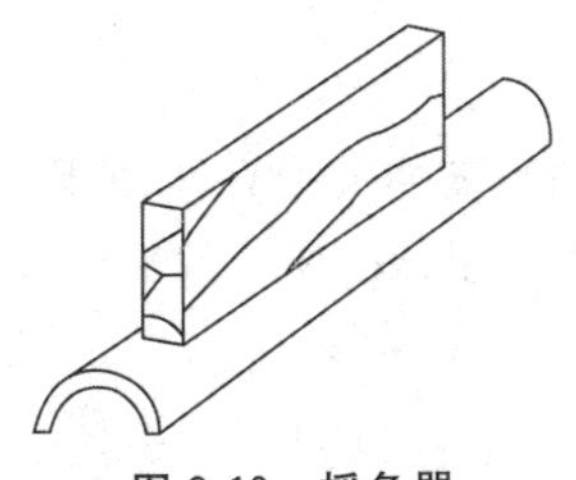

图 3-10 捋角器

2.8 木杠

木杠如图 3-11 所示，它分长、中、短三种，长杆长为 2.5～3.5 m，一般用于做标筋；中杆长 2～2.5 m；短杆长 1.5 m左右，用于刮平地面或墙面的抹灰层。

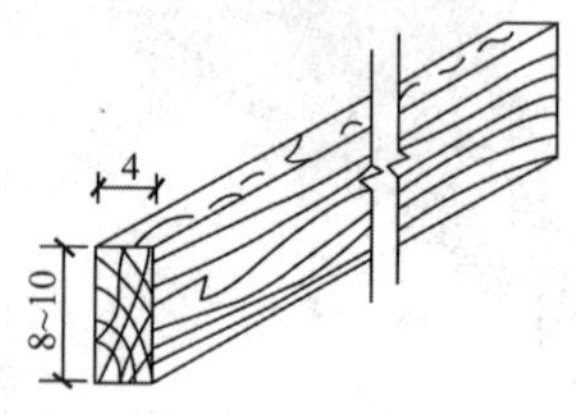

图 3-11 木杠

2.9 托线板

托线板俗称担子板，如图 3-12 所示，与线锤结合在一起使用，主要用于做标志时的挂垂直，检查墙面和柱面的垂直度。

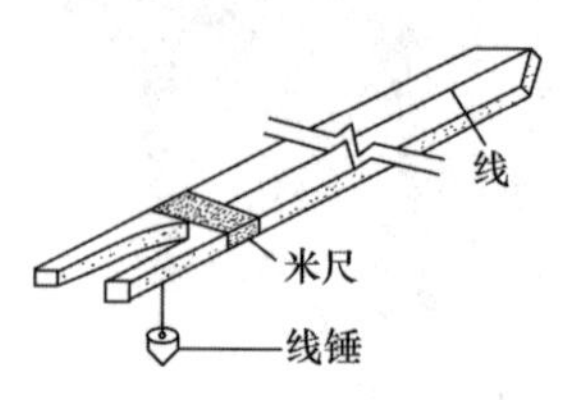

图 3-12 托线板

2.10 八字靠尺

八字靠尺一般用于做棱角的依据，其长度应按需要截取，如图 3-13 所示。

2.11 刮尺

刮尺（见图 3-14）端面的设计适用于操作，一面为平面，另一面为弧形，主要用于抹灰层的找平。

2.12 靠尺板

靠尺板（见图 3-15）断面都为矩形，用于抹灰线或做棱角。

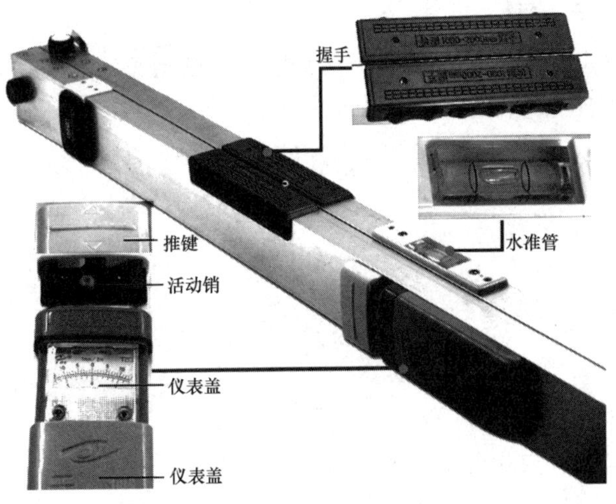

图 3-13　八字靠尺

图 3-14　刮尺

图 3-15　靠尺板

2.13 方尺

方尺又称兜尺，是用于测量阴角、阳角是否方正的量具，如图 3-16 所示。

图 3-16 方尺

2.14 水平尺

水平尺主要用于找平，如图 3-17 所示。

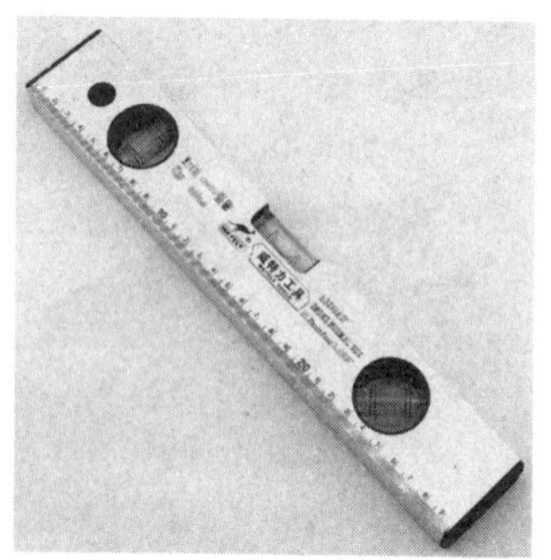

图 3-17 水平尺

2.15 钢丝刷

钢丝刷用于清刷基层，如图 3-18 所示。

图 3-18 钢丝刷

2.16 筛子

筛子（见图 3-19）按用途分为大、中、小三种。大筛一般用于筛分砂子、豆石等；中、小筛一般多用于筛干粘石。

图 3-19 筛子

2.17 小铁铲

小铁铲用于饰面砖铺满刀灰和铺下水道、封下水管头，如图 3-20 所示。

图 3-20 小铁铲

2.18 斩假石用具

花锤、剁斧都是常用的斩假石用具，其主要作用是斩假石，如图 3-21 所示。

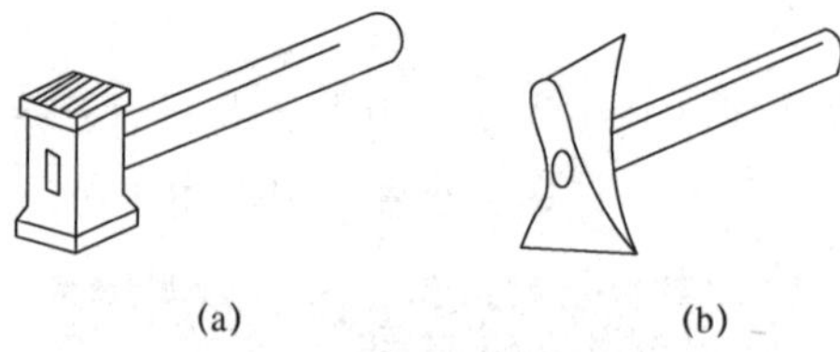

图 3-21 斩假石用具

（a）花锤；（b）剁斧

2.19 小灰勺

小灰勺用于舀灰浆，如图 3-22 所示。

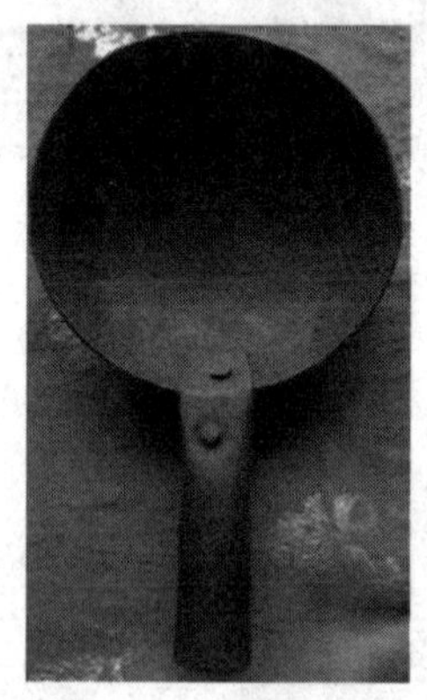

图 3-22 小灰勺

2.20 滚筒

滚筒在抹水磨石地面及豆石混凝土地面时，用于压实，如图 3-23 所示。

图 3-23 滚筒

3 抹灰工机具

3.1 砂浆搅拌机

砂浆搅拌机是用来搅拌各种砂浆的，如图 3-24 所示。

图 3-24 砂浆搅拌机

3.2 混凝土搅拌机

混凝土搅拌机是搅拌混凝土、豆石混凝土、水泥石子浆和砂浆的机械。一般常用 400 L 和 500 L 容量，如图 3-25 所示。混凝土搅拌机一般要在安装完毕后搭棚，操作在棚中进行。

图 3-25 混凝土搅拌机

3.3 灰浆机

灰浆机是搅拌麻刀灰、纸筋灰和玻璃丝灰的机械。每一台灰浆机均配有小钢磨和 3 mm 筛。经灰浆机搅拌后的灰浆直接进入小钢磨，经钢磨磨细后，流入振动筛中，经振动筛后流入出灰槽供使用，灰浆机一般也要搭棚，在棚中操作，如图 3-26 所示。

图 3-26 灰浆机

3.4 水磨石机

目前水磨石装饰面的磨光工作，都采用水磨石机进行。水磨石机有单盘式、双盘式、侧式、立式以及手提式。单盘式水磨石机如图 3-27 所示，主要用于磨地坪，其磨石转盘上装有夹具，夹装 3 块三角形磨石，由电动机通过减速器带动旋转。

图 3-27 水磨石机

手持式水磨石机是一种便于携带与操作的小型水磨石机，其结构紧凑，工效较高，适用于大型水磨机磨不到及不宜施工的地方，如窗台、楼梯及墙角边等处，其内部结构如图 3-28 所示。结合不同的工作要求，可将磨石换去，装上钢刷盘或布条盘等，或进行金属的除锈、抛光工作。

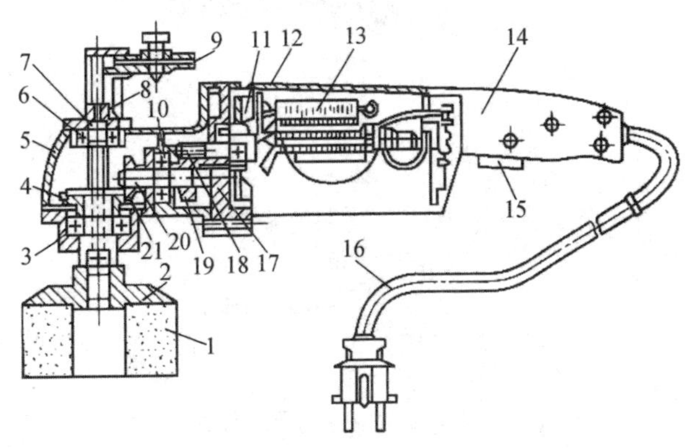

图 3-28 ZIM-100 型水磨石机的内部构造

1—圆形磨石；2—磨石接盘；3、7、10—滚动轴承；4—从动圆锥齿轮；5—头部机壳；6—空心主轴；8—进水管；9—水阀；11—叶轮；12—中部机壳；13—电枢；14—手柄；15—电开关；16—导管；17—滚针轴承；18—主动圆柱齿轮；19—从动圆柱齿轮；20—中间轴；21—主动圆锥齿轮

3.5 手动喷浆机

手动喷浆机体积小，一人即可搬移，使用时一人反复推压摇杆，另一人手持喷杆来喷浆。由于不需要动力装置，所以具有较大的机动性，其实物图与工作原理图如图 3-29 所示。

3.6 电动喷浆机

电动喷浆机实物图工作原理图如图 3-30 所示，其喷浆原理与手动的相同，不同的是柱塞往复运动由电动机经涡轮减速器和曲柄连杆机构来驱动。

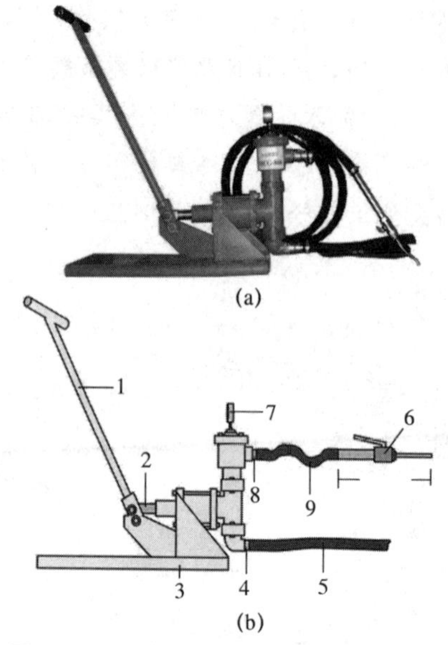

图 3-29　手动喷浆机实物图与工作原理

（a）实物图；（b）工作原理图

1—摇杆；2—活塞；3—底座；4—进浆口；5—进料管；6—手柄开关阀；7—压力表；8—出浆口；9—出料管

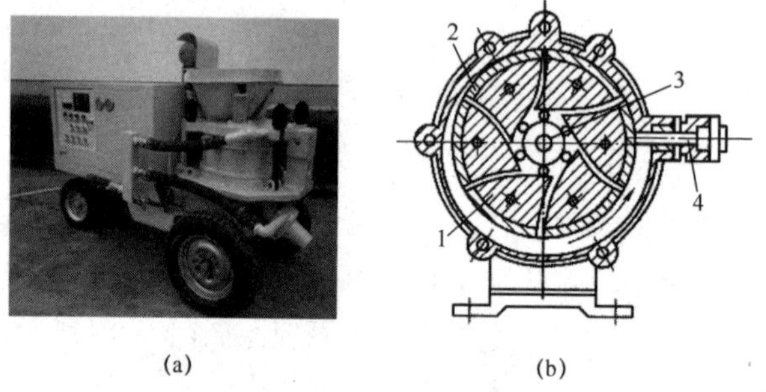

图 3-30　电动喷浆机实物图与工作原理

（a）实物图；（b）工作原理图

1—转轮；2—出浆孔道；3—进浆孔道；4—出浆接管

3.7　电动喷液枪

电动喷液枪是一种不需要压缩空气的喷浆装置，其实物图与工作原理图如图 3-31 所示。其自身带有液体输送的电磁泵。通电后三相交流电可使电磁铁反复吸引并释放推杆，推杆被吸引时泵芯向前运动，推杆被释放时，其泵芯在弹簧作用下回拉。因喷浆孔和进浆孔都装有单向球阀，泵芯回位时泵腔内形成负压，浆液可进入泵腔。泵芯前移时可压缩浆液，当压力超过 0.4 MPa 时，推开球阀而喷出。浆液喷出后由于压力突然下降而膨胀雾化，呈雾状涂敷于建筑物上。

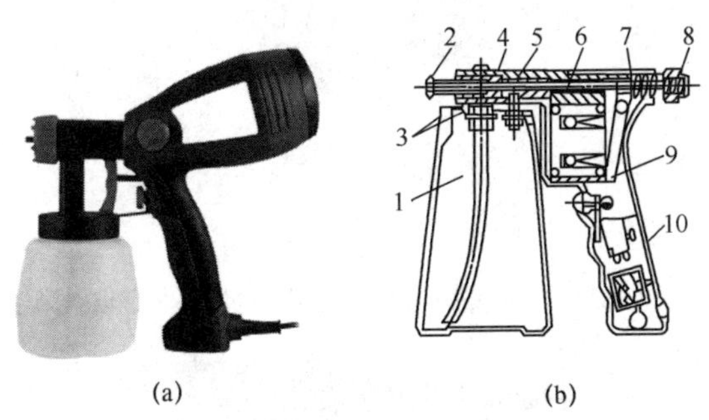

图 3-31 电动喷液枪实物图及工作原理

(a) 实物图；(b) 工作原理图

1—盛浆瓶；2—喷嘴；3—球阀；4—泵芯；5—弹簧；6—电磁铁；7—调节杆；8—调节螺母；9—推杆；10—电器开关盒兼手柄

3.8 无齿锯

无齿锯是用于切割各种饰面板块的机械，如图 3-32 所示。

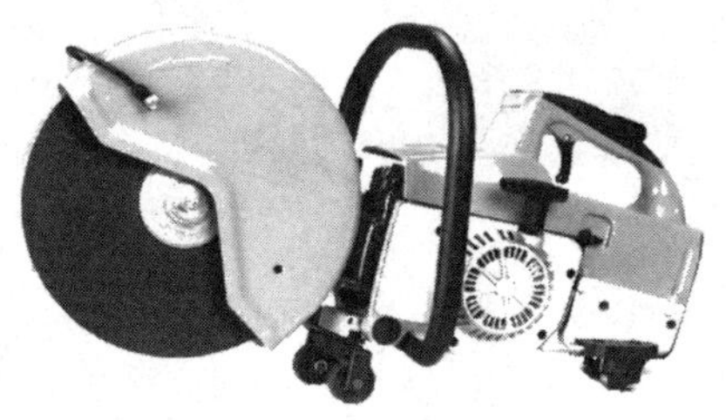

图 3-32 无齿锯

3.9 云石机

云石机的作用与无齿锯相同，但云石机宜切割石材，无齿锯宜切割铁材、木材，如图 3-33 所示。

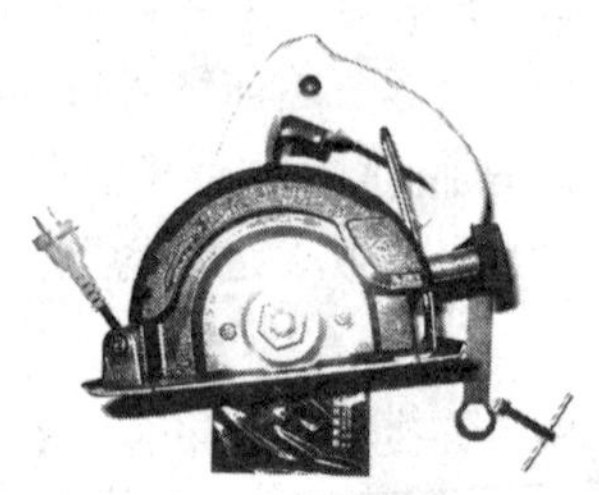

图 3-33 云石机

3.10 电钻

电钻用于大理石等饰面板的钻眼，如图 3-34 所示。

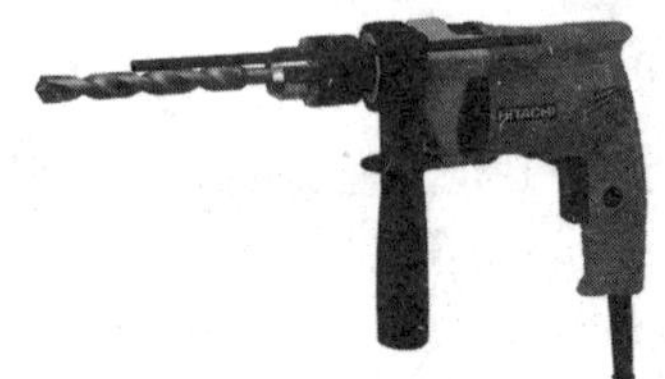

图 3-34 电钻

第四步
掌握施工技术

1　抹灰工识图

1.1　识图基础

(1) 图样

1）图样的幅面

图样的幅面和图框的尺寸见表 4-1。

表 4-1　幅面及图框尺寸　（单位：mm）

尺寸代号 \ 幅面代号	A0	A1	A2	A3	A4
$b\times l$	841×1189	594×841	420×594	297×420	210×297
c	10			5	
a	25				

注：表中 b 为幅面短边尺寸；l 为幅面长边尺寸；c 为图框线与幅面线间宽度；a 为图框线与装订边间宽度。

A0 号图样的面积为 1 m^2，长边为 1189 mm，短边为 840 mm。A1 号图样幅面大小是 A0 号图样的对开，A2 号图样幅面大小是 A1 号图样幅面的对开，以此类推。

2）图框

图样分横式和竖式两种，以短边作为垂直边称为横式幅面，如图 4-1（a)、(b）所示；以短边作为水平边称为竖式幅面，如图 4-1（c)、(d）所示。

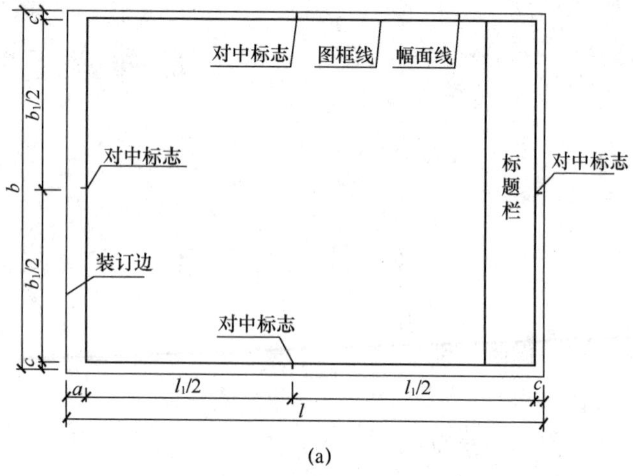
对中标志
图框线
幅面线
对中标志
标
题
栏
对中标志
装订边
对中标志
c
b1/2
b
b1/2
c
a
l1/2
l1/2
c
l

(a)

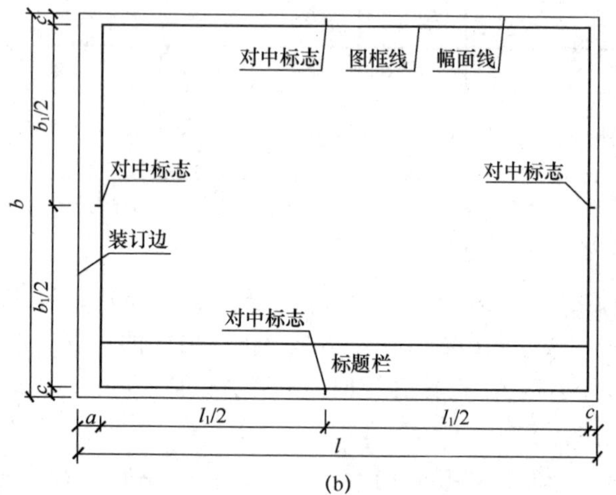
对中标志
图框线
幅面线
对中标志
对中标志
装订边
对中标志
标题栏
c
b1/2
b
b1/2
c
a
l1/2
l1/2
c
l

(b)

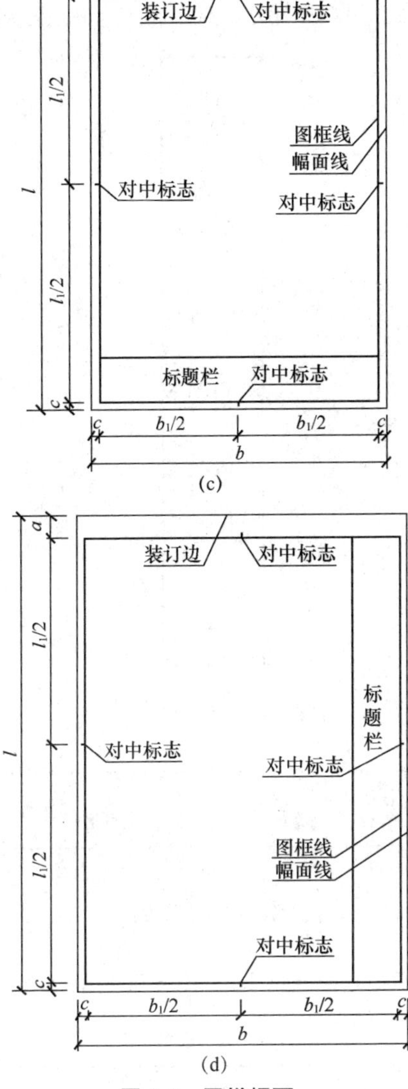

图 4-1　图样幅面

(a) A0～A3 横式幅面（一）；(b) A0～A3 横式幅面（二）

(c) A0～A4 竖式幅面（一）；(d) A0～A4 竖式幅面（二）

3）标题栏

标题栏有横、竖两种样式，如图 4-2（a）、图 4-2（b）所示。

设计单位名称区
注册师签章区
项目经理签章区
修改记录区
工程名称区
图号区
签字区
会签栏

40~70

(a)

30~50

设计单位名称区	注册师签章区	项目经理签章区	修改记录区	工程名称区	图号区	签字区	会签栏

(b)

图 4-2　标题栏

(2) 图线

图样的线型根据粗细不同，代表不同的用途，见表 4-2。

表 4-2　图线

名称		线型	线宽	用途
实线	粗	————	b	①新建建筑物±0.000 高度的可见轮廓线； ②新建铁路、管线

续表 4-2

名称		线型	线宽	用途
实线	中		0.7*b* 0.5*b*	①新建构筑物、道路、桥涵、边坡、围墙、运输设施的可见轮廓线； ②原有标准轨距铁路
	细		0.25*b*	①新建建筑物±0.000 高度以上的可见建筑物、构筑物轮廓线； ②原有建筑物、构筑物，原有窄轨、铁路、道路、桥涵、围墙的可见轮廓线； ③新建人行道、排水沟、坐标线、尺寸线、等高线
虚线	粗		*b*	新建建筑物、构筑物的地下轮廓线
	中		0.5*b*	计划预留扩建的建筑物、构筑物、铁路、道路、运输设施、管线、建筑红线及预留用地各线
	细		0.25*b*	原有建筑物、构筑物、管线的地下轮廓线
单点长画线	粗		*b*	露天矿开采界限
	中		0.5*b*	土方填挖区的零点线
	细		0.25*b*	分水线、中心线、对称线、定位轴线
双点长画线	粗		*b*	用地红线
	中		0.7*b*	地下开采区塌落界限
	细		0.5*b*	建筑红线
折断线			0.5*b*	断开界线
不规则曲线			0.5*b*	断开界线

(3) 比例

总图所采用的比例见表 4-3。

表 4-3 比例

图　名	比　例
现状图	1∶500、1∶1000、1∶2000

续表 4-3

图　名	比　例
地理交通位置图	1∶25 000～1∶200 000
总体规划、总体布置、区域位置图	1∶2000、1∶5000、1∶10 000、1∶25 000、1∶50 000
总平面图，竖向布置图，管线综合图，土方图，铁路、道路平面图	1∶300、1∶500、1∶1000、1∶2000
场地园林景观总平面图、场地园林景观竖向布置图、种植总平面图	1∶300、1∶500、1∶1000
铁路、道路纵断面图	垂直：1∶100、1∶200、1∶500 水平：1∶1000、1∶2000、1∶5000
铁路、道路横断面图	1∶20、1∶50、1∶100、1∶200
场地断面图	1∶100、1∶200、1∶500、1∶1000
详图	1∶1、1∶2、1∶5、1∶10、1∶50、1∶100、1∶200

(4) 符号

1）剖切符号

剖视的剖切符号由剖切位置线及剖视方向线组成，以粗实线绘制，如图 4-3 所示。

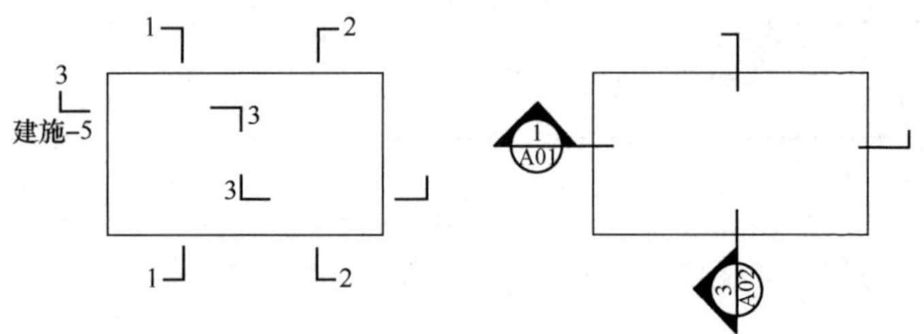

图 4-3　剖视的剖切符号

断面的剖切符号以粗实线绘制，如图 4-4 所示。

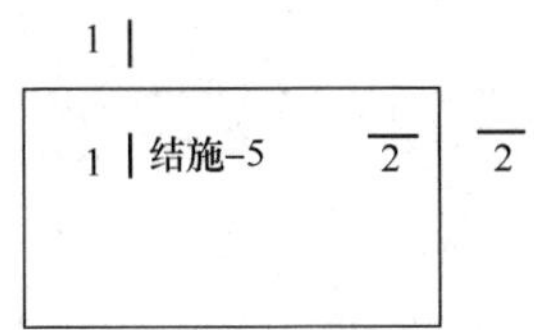

图 4-4　断面的剖切符号

2）索引符号与详图符号

图样中的某一局部或构件，如需另见详图，均用索引符号索引，如图 4-5（a）所示。索引符号是由直径为 8～10 mm 的圆和水平直径组成，圆及水平直径应以细实线绘制。索引出的详图与被索引的详图同在一张图样内，如图 4-5（b）所示。索引出的详图与被索引的详图不在同一张图样内，如图 4-5（c）所示。索引出的详图采用标准图，如图 4-5（d）所示。

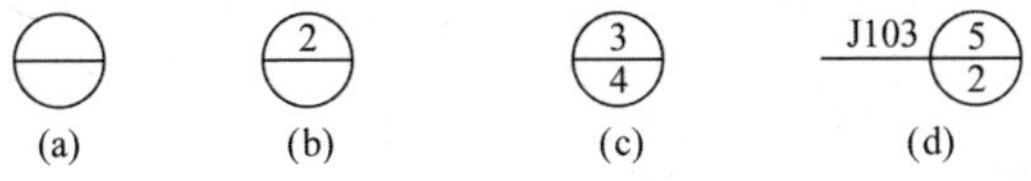

图 4-5　索引符号

索引符号当用于索引剖视详图时，在被剖切的部位绘制剖切位置线，并以引出线引出索引符号，引出线所在的一侧应为剖视方向，如图 4-6 所示。

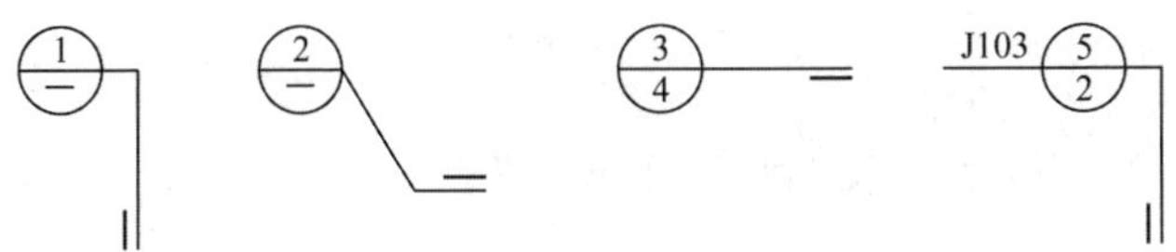

图 4-6　用于索引剖面详图的索引符号

零件、钢筋、杆件、设备等的编号以细实线圆表示，如图 4-7 所示。

5

图 4-7　零件、钢筋等的编号

详图的位置和编号应以详图符号表示。详图与被索引的图样同在一张图样内时，如图 4-8（a）所示；详图与被索引的图样不在同一张图样内时，如图 4-8（b）所示。

图 4-8　详图符号

3）引出线

引出线以细实线绘制，文字说明注写在水平线的上方，如图 4-9（a）所示，也可注写在水平线的端部，如图 4-9（b）所示。索引详图的引出线与水平直径线相连接，如图 4-9（c）所示。

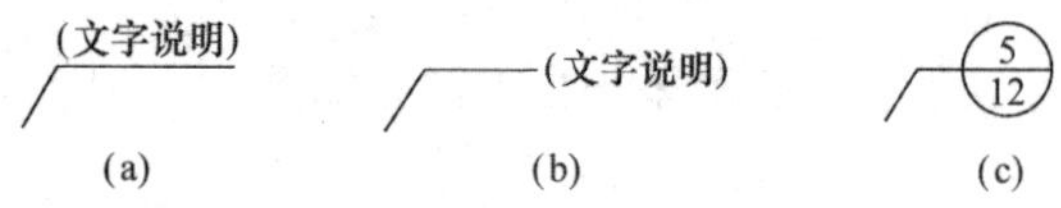

图 4-9　引出线

同时引出的几个相同部分的引出线，如图 4-10（a）所示；集中于一点的放射线，如图 4-10（b）所示。

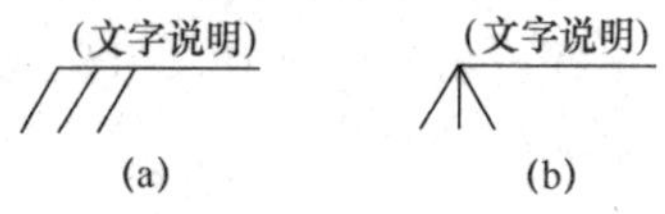

图 4-10　共用引出线

4）对称符号

对称符号由对称线和两端的两对平行线组成，如图 4-11 所示。

图 4-11　对称符号

5）连接符号

连接符号以折断线表示需连接的部位。两部位相距过远时，折断线两端靠图样一侧应标注大写拉丁字母表示连接编号，如图 4-12 所示。

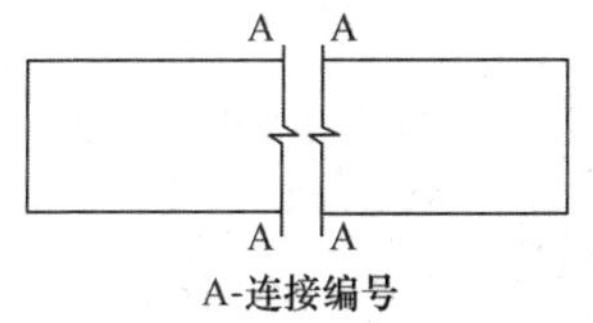

图 4-12　连接符号

6）指北针

指北针的形状如图 4-13 所示。

7）变更云线

云线代表图样中局部的变更，如图 4-14 所示，图中的 1 为修改次数。

图 4-13　指北针

图 4-14　变更云线

(6) 尺寸标注

图样上的尺寸，包括尺寸界线、尺寸线、尺寸起止符号和尺寸数字，如图 4-15 所示。

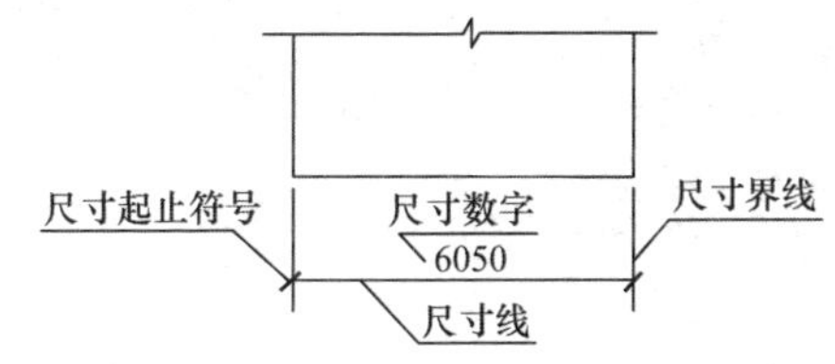

图 4-15　尺寸的组成

1）尺寸界线

尺寸界线用细实线绘制，与被注长度垂直，如图 4-16 所示。

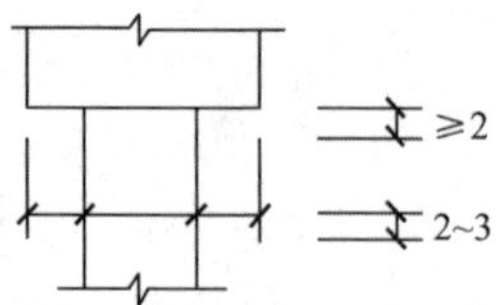

图 4-16　尺寸界线

2）尺寸线

尺寸线用细实线绘制，与被注长度平行。

3）尺寸起止符号

尺寸起止符号用中粗斜短线绘制，其倾斜方向应与尺寸界线成顺时针 45°角，如图 4-17 所示。

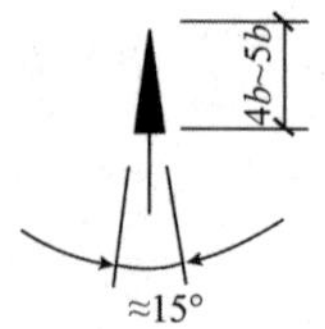

图 4-17　箭头尺寸起止符号

4）尺寸数字

尺寸数字的注写形式，如图 4-18 所示。

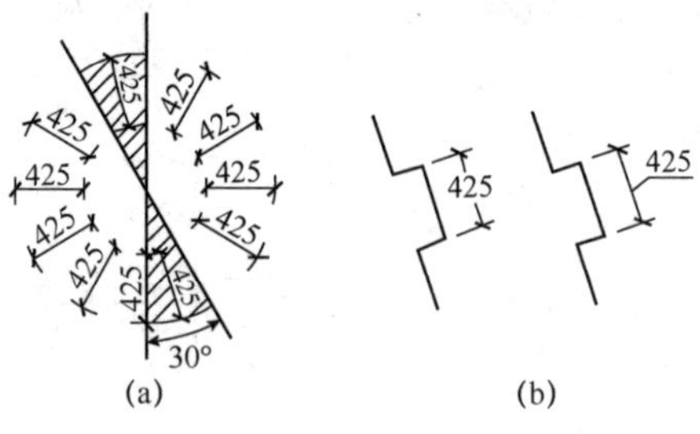

图 4-18　尺寸数字的注写方向

5）尺寸的排列与布置

尺寸标注在图样轮廓以外，如图4-19所示。

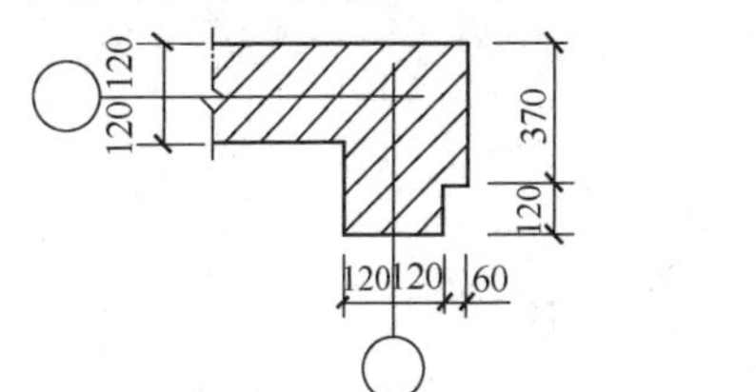

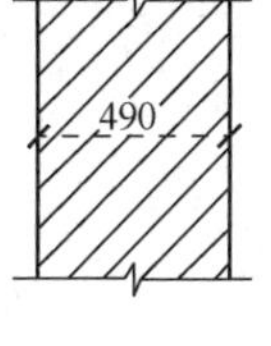

图4-19　尺寸数字的注写

6）半径、直径、球的尺寸标注

半径的尺寸线从圆心开始，到圆弧结束，加注半径符号“R”，如图4-20所示。

标注圆的直径尺寸时，加直径符号“ϕ”，如图4-21所示。

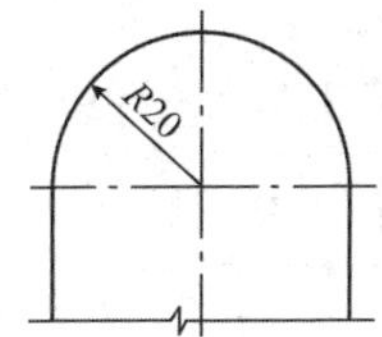

图4-20　半径标注方法

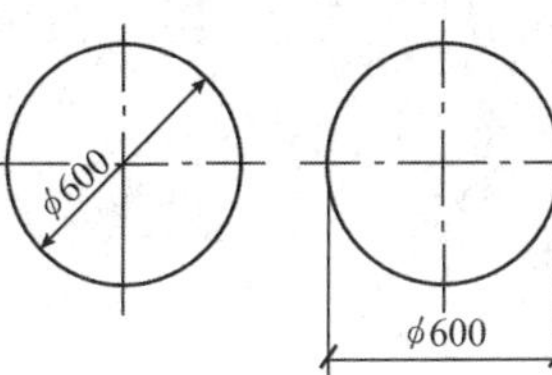

图4-21　圆直径的标注方法

标注球的半径尺寸时，在尺寸前加注符号“SR”。标注球的直径尺寸时，在尺寸数字前加注符号“$S\phi$”。

7）角度、弧度、弧长的标注

角度的尺寸线以圆弧表示，如图4-22所示。

标注圆弧的弧长时，弧长数字上方加注圆弧符号“⌒”，如图4-23所示。

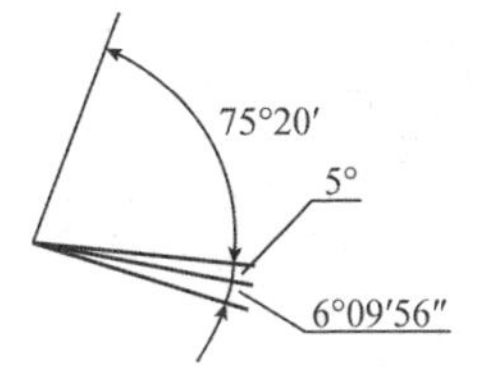

图4-22　角度标注方法

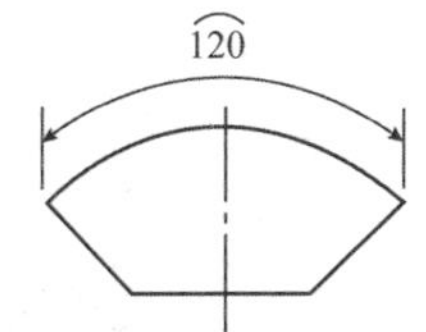

图4-23　弧长标注方法

标注圆弧的弦长时，以平行于该弦的直线表示，如图 4-24 所示。

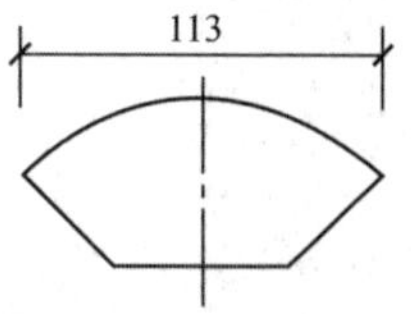

图 4-24　弧长标注方法

8）薄板厚度、正方形、坡度、非圆曲线等尺寸标注

在薄板板面上标注板厚尺寸时，在厚度数字前加厚度符号“*t*”，如图 4-25 所示。

标注正方形的尺寸，可用“边长×边长”的形式，也可加正方形符号“□”，如图 4-26 所示。

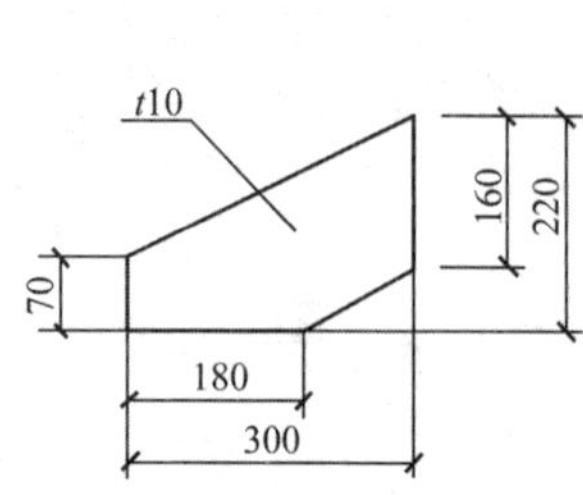

图 4-25　薄板厚度标注方法

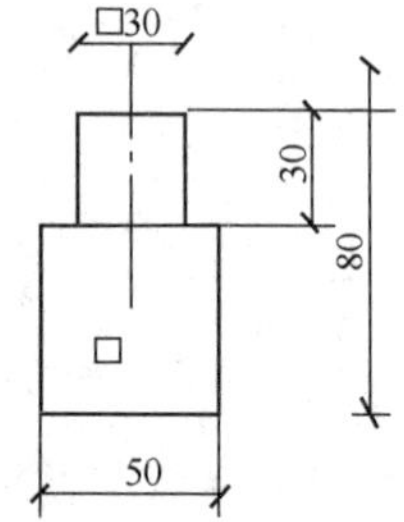

图 4-26　标注正方形尺寸

标注坡度时，加注坡度符号“←”，如图 4-27 所示。也可用直角三角形形式标注，如图 4-28 所示。

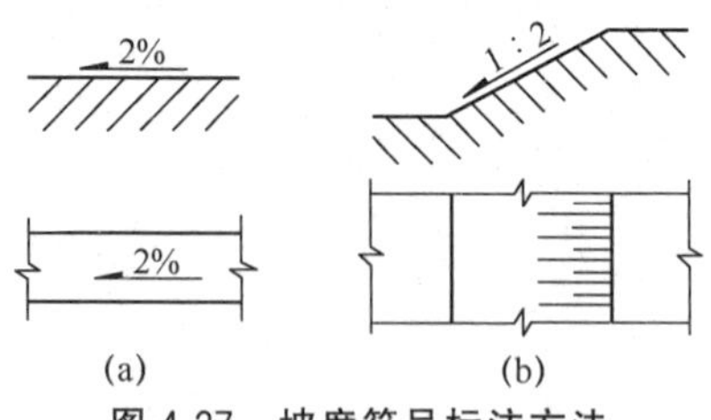

图 4-27　坡度符号标注方法

（a）方法一；（b）方法二

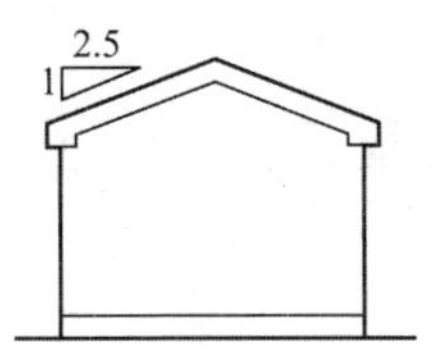

图 4-28 直角三角形坡度标注方法

外形为非圆曲线的构件，可用坐标形式标注尺寸，如图 4-29 所示。

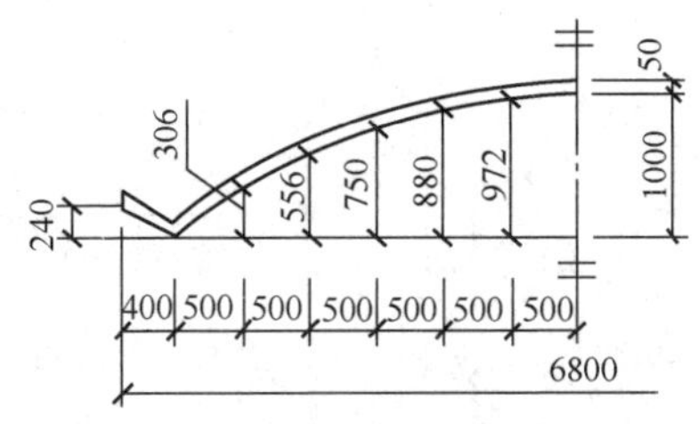

图 4-29 坐标法标注曲线尺寸

复杂的图形，可用网格形式标注尺寸，如图 4-30 所示。

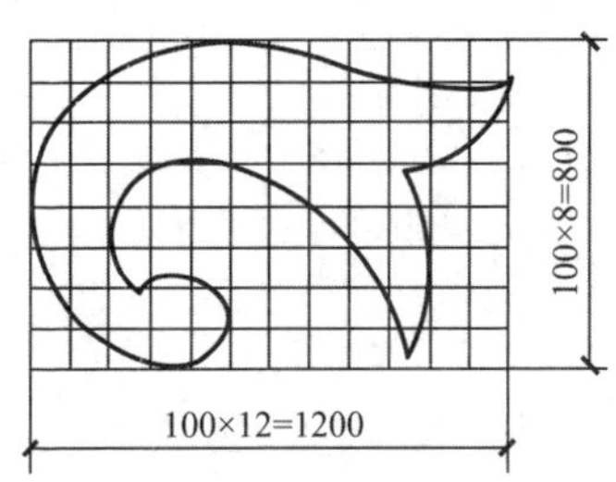

图 4-30 网格法标注尺寸

9）尺寸的简化标注

杆件或管线的长度注写，如图 4-31 所示。

连续排列的等长尺寸，用“等长尺寸×个数=总长”表示，如图 4-32（a）所示；或“等分×个数=总长”，如图 4-32（b)所示。

构配件内的构造因素（如孔、槽等）如相同，可以仅标注

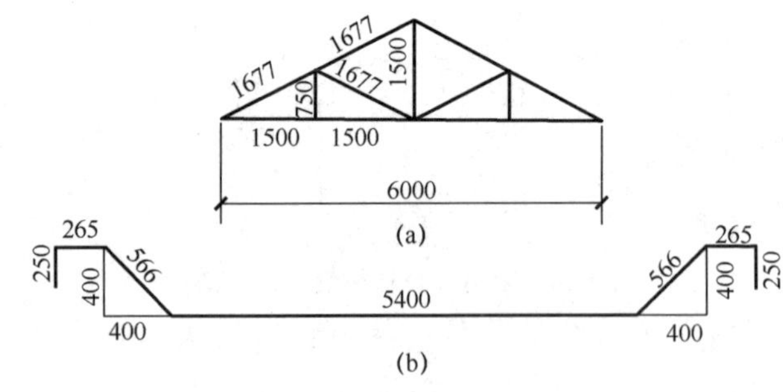

图 4-31　单线图尺寸标注方法

(a) 杆件尺寸的标注；(b) 管线尺寸的标注

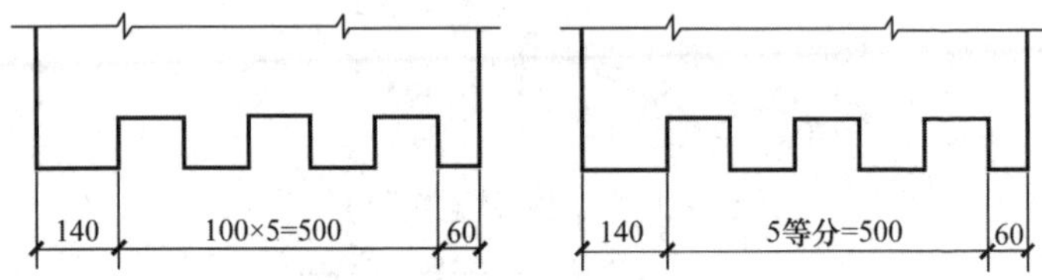

图 4-32　等长尺寸简化标注方法

其中一个要素的尺寸，如图 4-33 所示。

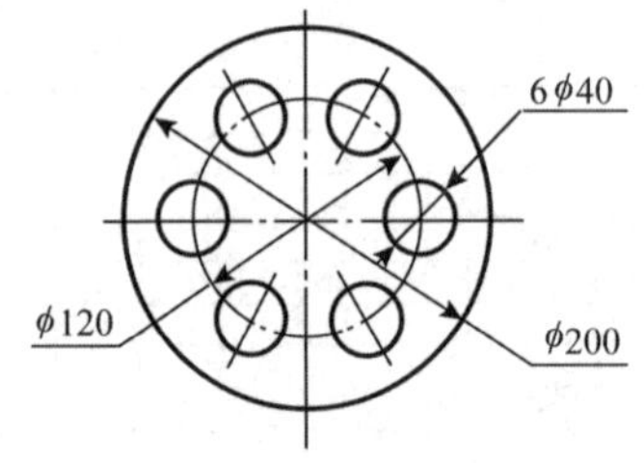

图 4-33　相同要素尺寸标注方法

对称构配件可以采用对称省略画法，如图 4-34 所示。

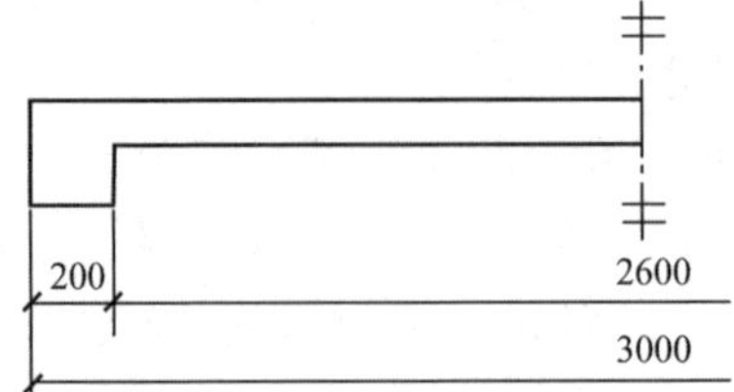

图 4-34　对称构件尺寸标注方法

两个构配件，如个别尺寸数字不同，注写方法如图 4-35 所示。

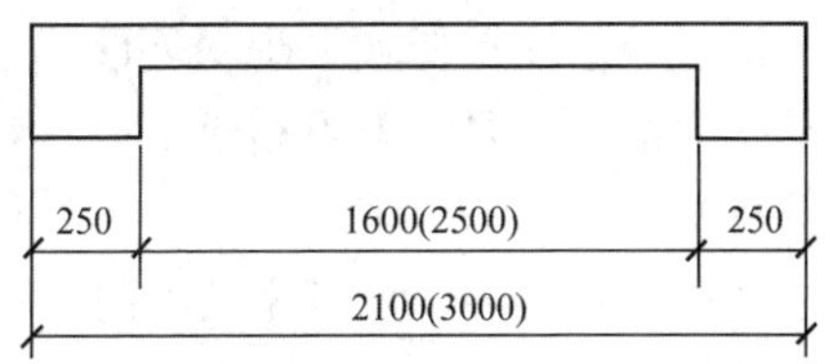

图 4-35 相似构件尺寸标注方法

10）标高

标高符号以等腰直角三角形表示，按图 4-36（a）所示形式用细实线绘制，当标注位置不够时，也可按图 4-36（b）所示形式绘制。

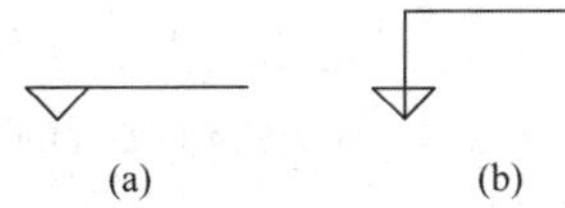

图 4-36 标高符号

总平面图室外地坪标高符号，用涂黑的三角形表示，如图 4-37 所示。

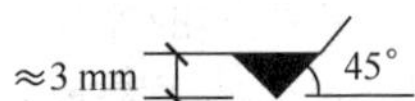

图 4-37 总平面图室外地坪标高符号

标高符号的尖端为被注高度的位置，如图 4-38 所示。

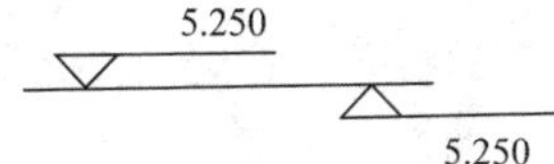

图 4-38 标高的指向

在图样的同一位置需表示几个不同标高时，注写形式如图 4-39 所示。

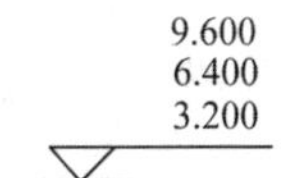

图 4-39 同一位置注写多个标高数字

1.2 总平面图识读

识读总平面图时一般应按照如下步骤进行：

①在识读总平面图之前要先熟悉相应图例。熟悉图例是识读总平面图应具备的基本知识。

②查看总平面图的比例和风向频率玫瑰图，确定总平面图中的方向，找出规划红线，以确定总平面图所表示的整个区域中土地的使用范围。

③查找新建建筑物并按照图例的表示方法找出并区分各种建筑物。根据指北针或坐标确定建筑物方向。根据总平面图中的坐标及尺寸标注查找出新建建筑物的尺寸及定位依据。

④了解建筑物周围环境及地形、地物情况，以确定新建建筑物所在的地形情况及周围地物情况。了解总平面图中的道路、绿化情况，以确定新建建筑物建成后的人流方向和交通情况及建成后的环境绿化情况。

1.3 建筑平面图识读

识读平面图时一般应按照如下步骤进行：

①查阅建筑物朝向、形状，根据指北针确定房屋朝向；

②查阅建筑物墙体厚度、柱子截面尺寸及墙、柱的平面布置情况，各房间的用途及平面位置，房间的开间、进深尺寸等；

③查阅建筑物门窗的位置、尺寸，检查门窗表中的门窗代号、尺寸、数量与平面图是否一致；

④查阅建筑物各部位标高；

⑤查阅建筑物附属设施的平面位置。

1.4 建筑立面图识读

识读立面图时要结合平面图，建立整个建筑物的立体形状。对一些细部构造要通过立面图与平面图结合确定其空间形状与位置。另外，在识读立面图时要根据图名确定立面图表示建筑物的哪个立面。

识读立面图时一般按照如下步骤进行：

①了解建筑物竖向的外部形状；

②查阅建筑物各部位的标高及尺寸标注，再结合平面图确定建筑物门窗、雨篷、阳台、台阶等部位的空间形状与具体位置；

③查阅外墙面的装修做法。

1.5 建筑剖面图识读

建筑剖面图的识读方法如下：

①在底层剖面图中找到相应的剖切位置与投影方向，再结合各层建筑平面图，根据对应的投影关系，找到剖面图中建筑物各部分的平面位置，建立建筑物内部的空间形状；

②查阅建筑物各部位的高度，包括建筑物的层高、剖切到的门窗高度、楼梯平台高度、屋檐部位的高度等，再结合立面图检查是否一致；

③结合屋顶平面图查阅屋顶的形状、做法、排水情况等；

④结合建筑设计说明查阅地面、楼面、墙面、顶棚的材料和装修做法；

⑤房屋各层顶棚的装饰做法为吊顶，详细做法需查阅建筑设计说明；识读建筑剖面图也要与建筑平面图、立面图结合起来。

1.6 建筑详图识读

(1) 建筑详图的分类及特点

建筑详图分为局部构造详图和构（配）件详图。局部构造详图主要表示房屋某一局部构造做法和材料的组成，如墙身详图、楼梯详图等。构（配）件详图主要表示构（配）件本身的构造，如门、窗、花格等详图。建筑详图具有以下特点：

①图形详图：图形采用较大比例绘制，各部分结构应表达

详细、层次清楚，但又要详而不繁。

②数据详图：各结构的尺寸要标注完整、齐全。

③文字详图：无法用图形表达的内容采用文字说明，要详尽清楚。

详图的表达方法和数量，可根据房屋构造的复杂程度确定。有的只用一个剖面详图就能表达清楚（如墙身详图），有的需加平面详图（如楼梯间、卫生间）或用立面详图（如门窗详图）。

(2) 外墙身详图识读

外墙身详图实际上是建筑剖面图的局部放大图。它主要表示房屋的屋顶、檐口、楼层、地面、窗台、门窗顶、勒脚、散水等处的构造，楼板与墙的连接关系。

外墙身详图的主要内容：

①标注墙身轴线编号和详图符号。

②采用分层文字说明的方法表示屋面、楼面、地面的构造。

③表示各层梁、楼板的位置及与墙身的关系。

④表示檐口部分，如女儿墙的构造。

⑤表示窗台、窗过梁（或圈梁）的构造情况。

⑥表示勒脚部分，如房屋外墙的防潮、防水和排水做法。外墙身的防潮层，一般在室内底层地面下 60 mm 左右处。外墙面下部有厚 30 mm 的 1∶3 水泥砂浆，层面为褐色水刷石的勒脚。墙根处有坡度为 5%的散水。

⑦标注各部位的标高及高度方向，以及墙身细部的大小尺寸。

⑧用文字说明各装饰内外表面的厚度及所用的材料。

外墙身详图识读时应注意的问题：

①±0.000 或防潮层以下的砖墙以结构基础图为施工依据。识读墙身剖面图时，必须与基础图配合，并注意±0.000

处的搭接关系及防潮层的做法。

②屋面、地面、散水、勒脚等的做法、尺寸应和材料做法对照。

③要注意建筑标高和结构标高的关系。建筑标高一般是指地面或楼面装修完成后上表面的标高，结构标高主要指结构构件的下皮或上皮标高。在预制楼板结构的楼层剖面图中，一般只注明楼板的下皮标高；在建筑墙身剖面图中，则只注明建筑标高。

(3) 楼梯详图识读

楼梯是房屋中比较复杂的构造，目前多采用预制或现浇钢筋混凝土结构。楼梯由楼梯段、休息平台和栏板（或栏杆）等组成。

楼梯详图一般包括平面图、剖面图及踏步栏杆详图等。它们表示出楼梯的形式，踏步、平台、栏杆的构造、尺寸、材料和做法。楼梯详图分为建筑详图与结构详图，并分别绘制。对于比较简单的楼梯，建筑详图和结构详图可以合并绘制，编入建筑施工图和结构施工图。

1）楼梯平面图

一般每一层楼都要画一张楼梯平面图。3 层以上的房屋，若中间各层楼梯的位置、梯段数、踏步数和大小相同时，通常只画底层、中间层和顶层 3 个平面图。

楼梯平面图实际是各层楼梯的水平剖面图，水平剖切位置应在每层上行第一梯段及门窗洞口的任一位置处。各层（除顶层外）被剖到的梯段，均在平面图中以一根 45°折断线表示。

在各层楼梯平面图中应标注该楼梯间的轴线及编号，以确定其在建筑平面图中的位置，底层楼梯平面图还应注明楼梯剖面图的剖切符号。

平面图中要注出楼梯间的开间和进深尺寸、楼地面和平台面的标高及各细部的详细尺寸。通常把梯段长度尺寸与踏面数、踏面宽尺寸合写在一起。

2）楼梯剖面图

假想用一铅垂平面通过各层的一个梯段和门窗洞口将楼梯剖开，向另一未剖到的梯段方向投影，所得到的剖面图即为楼梯剖面图。

楼梯剖面图表达出房屋的层数，楼梯的梯段数、步级数及形式，楼地面、平台的构造及与墙身的连接等。

若楼梯间的屋面没有特殊之处，一般可不画。

楼梯剖面图中还应标注地面、平台面、楼面等处的标高，以及梯段、楼层、门窗洞口的高度尺寸。楼梯高度尺寸注法与平面图梯段长度注法相同，如 10×150＝1500，10 为步级数，表示该梯段为 10 级，150 为踏步高度。

楼梯剖面图中也应标注承重结构的定位轴线及编号，对需画详图的部位应注出详图索引符号。

3）节点详图

楼梯节点详图主要表示栏杆、扶手和踏步的细部构造。

1.7　结构施工图识读

(1) 基础结构图识读

基础结构图又称基础图，是表示建筑物室内地面（±0.000）以下基础部分的平面布置和构造的图样，包括基础平面图、基础详图和文字说明等。

基础平面图主要表示基础的平面位置，以及基础与墙、柱轴线的相对关系。在基础平面图中，被剖切到的基础墙轮廓要画成粗实线，基础底部的轮廓线画成细实线。基础的细部构造不必画出，它们将详尽地表达在基础详图上。图中的材料图例可与建筑平面图画法一致。

基础详图是用放大的比例画出的基础局部构造图，它表示基础不同断面处的构造做法、详细尺寸和材料。

(2) 楼层结构平面图识读

楼层结构平面图是假想沿着楼板面（结构层）把房屋剖

开，所做的水平投影图。它主要表示楼板、梁、柱、墙等结构的平面布置，现浇楼板、梁等的构造、配筋，以及各构件间的连接关系。一般由平面图和详图所组成。

(3) 屋顶结构平面图识读

屋顶结构平面图是表示屋顶承重构件布置的平面图，它的图示内容与楼层结构平面图基本相同。对于平屋顶，因屋面排水的需要，承重构件应按一定的坡度铺设，并设置天沟、上人孔、屋顶水箱等。

1.8 钢筋混凝土构件结构详图识读

识读钢筋混凝土构件结构详图时一般应按照如下步骤进行：

①构件详图的图名及比例。

②详图的定位轴线及编号。

③识读结构详图（配筋图）。配筋图表明结构内部的配筋情况，一般由立面图和断面图组成。梁、柱的结构详图由立面图和断面图组成，板的结构图一般只画平面图或断面图。

④识读模板图。模板图是表示构件的外形或预埋件位置的详图。

⑤识读构件构造尺寸、钢筋表。

1.9 装饰平面图识读

装饰平面图可表明以下几方面内容：

(1) 基本内容

①表明装饰空间的平面形状与尺寸，建筑物在装饰平面图中的平面尺寸可分为 3 个层次，即外包尺寸、各房间的净空尺寸及门窗、墙垛和柱体等的结构尺寸。有的为了与主体建筑图样相对应，还标出建筑物的轴线及其尺寸关系，甚至还标出建筑的柱位编号等。

②表明装饰结构在建筑空间内的平面位置及其与建筑结构

的相互尺寸关系；表明装饰结构的具体平面轮廓及尺寸；表明地（楼）面等的饰面材料和工艺要求。

③表明各种装饰设置及家具安放的位置，与建筑结构的相互关系尺寸，并说明其数量、规格和要求。

④表明与此平面图相关的各立面图的视图投影关系和视图的位置编号。

⑤表明各剖面图的剖切位置、详图及通用配件等的位置和编号。

⑥表明各种房间的平面形式、位置和功能；表明走道、楼梯、防火通道、安全门、防火门等人员流动空间的位置和尺寸。

⑦表明门、窗的位置尺寸和开启方向。

⑧表明台阶、水池、组景、踏步、雨篷、阳台及绿化等设施和装饰品的平面轮廓与位置尺寸。

(2) 识读方法

①首先看标题栏，认定是何种平面图，进而把整个装饰空间的各房间名称、面积及门窗、走道等主要位置尺寸了解清楚。

②通过对各房间及其他分隔空间种类、名称及其主要功能的了解，明确为满足功能要求所设置的设备与设施的种类、数量等，从而制订相关的购买计划。

③通过图中对饰面的文字标注，确认各装饰面的构成材料的种类、品牌和色彩要求；了解饰面材料间的衔接关系。

④对于平面图上的纵横、大小、尺寸关系，应注意区分建筑尺寸和装饰设计尺寸，进而查清其中的定位尺寸、外形尺寸和构造尺寸。

⑤通过图样上的投影符号，明确投影面编号和投射方向并进一步查出各投影方向立面图（即投影视图）。

⑥通过图样上的剖切符号，明确剖切位置及其剖切后的投射方向，进而查阅相应的剖面图或构造节点大样图。

1.10 装饰立面图识读

(1) 基本内容

①图名、比例和立面图两端的定位轴线及其编号。

②在装饰立面图上使用相对标高，即以室内地面为标高零点，并以此为基准来标出装饰立面图上有关部位的标高。

③表明室内外立面装饰的造型和式样，并用文字说明其饰面材料的品名、规格、色彩和工艺要求。

④表明室内外立面装饰造型的构造关系与尺寸。

⑤表明各种装饰面的衔接收口形式。

⑥表明室内外立面上各种装饰品（如壁画、壁挂、金属字等）的式样、位置和大小。

⑦表明门窗、花格、装饰隔断等设施的高度尺寸和安装尺寸。

⑧表明室内外景园小品或其他艺术造型体的立面形状和高低错落位置尺寸。

⑨表明室内外立面上的所用设备及其位置尺寸和规格尺寸。

⑩表明详图所示部位及详图所在位置。作为基本图的装饰剖面图，其剖切符号一般不应在立面图上标注。

⑪作为室内装饰立面图，要表明家具和室内配套产品的安放位置和尺寸，如采用剖面图示形式的室内装饰立面图，还要表明顶棚的选级变化和相关尺寸。

⑫建筑装饰立面图的线型选择与建筑立面图基本相同。唯有细部描绘应注意力求概括，不得喧宾夺主，所有为增加效果的细节描绘均应以细线表示。

(2) 识读方法

①明确地面标高、楼面标高、楼梯平台及室外台阶标高等与该装饰工程有关的标高尺度。

②清楚了解每个立面上有几种不同的装饰面，这些装饰面所选用的材料及施工工艺要求。

③立面上各装饰面之间的衔接收口较多时，应熟悉其造型方式、工艺要求及所用材料。

④应读懂装饰构造与建筑结构的连接方式和固定方法，明确各种预埋件或紧固件的种类和数量。

1.11 装饰剖面图识读

(1) 基本内容

①表明建筑的剖面基本结构和剖切空间的基本形状，并注出所需的建筑主体结构的有关尺寸和标高。

②表明装饰结构的剖面形状、构造形式、材料组成及固定与支承构件的相互关系。

③表明装饰结构与建筑主体结构之间的衔接尺寸与连接方式。

④表明剖切空间内可见实物的形状、大小与位置。

⑤表明装饰结构和装饰面上的设备安装方式或固定方法。

⑥表明某些装饰构件、配件的尺寸、工艺做法与施工要求，另有详图的可概括表明。

⑦表明节点详图和构配件详图所示的部位与详图所在位置。

⑧如是建筑内部某一装饰空间的剖面图，还要表明剖切空间内与剖切平面平行的墙面装饰形式、装饰尺寸、饰面材料与工艺要求。

⑨表明图名、比例和被剖切墙体的定位轴线及其编号，以便与平面布置图和顶棚平面图对照识读。

(2) 识读方法

①识读建筑装饰剖面图时，首先要对照平面布置图，看清楚剖切面的编号是否相同，了解该剖面的剖切位置和剖视方向。

②在众多图像和尺寸中，要分清哪些是建筑主体结构的图像和尺寸，哪些是装饰结构的图像和尺寸。当装饰结构与建筑结构所用材料相同时，它们的剖断面表示方法是一致的。现代某些大型建筑的室内外装饰，并非是贴墙面、铺地面、吊顶而

已，因此要注意区分，以便进一步研究它们之间的衔接关系、方式和尺寸。

③通过对剖面图中所示内容的识读研究，明确装饰工程各部位的构造方法、构造尺寸、材料要求与工艺要求。

④建筑装饰形式变化多，程式化的做法少。作为基本图的装饰剖面图只能表明原则性的技术构成问题，具体细节还需要详图来补充表明。因此，在识读建筑装饰剖面图时，还要注意按图中索引符号所示方向，找出各部位节点详图，并不断对照仔细识读，弄清楚各连接点或装饰面之间的衔接方式以及包边、盖缝、收口等细部的材料、尺寸和详细做法。

⑤识读建筑装饰剖面图要结合平面布置图和顶棚平面图进行，某些室外装饰剖面图还要结合装饰立面图来综合识读，才能全方位地理解剖面图图示内容。

1.12 顶棚平面图识读

(1) 基本内容

①表明墙柱和门窗洞口位置。顶棚平面图一般都采用镜像投影法绘制。用镜像投影法绘制的顶棚平面图，其图形上的前后、左右位置与装饰平面布置图完全相同，纵横轴线的排列也与之相同。因此，在图示了解墙柱断面和门窗洞口以后，不必再重复标注轴间尺寸、洞口尺寸和洞间墙尺寸，这些尺寸可对照平面布置图识读。定位轴线和编号也不必每轴都标，只在平面图形的四角部分标出，能确定它与平面布置图的对应位置即可。

顶棚平面图一般不图示门扇及其开启方向线，只图示门窗过梁底面。为区别门洞与窗洞，窗扇用一条细虚线表示。

②表明顶棚装饰造型的平面形式和尺寸，并通过附加文字说明其所用材料、色彩及工艺要求。顶棚的选级变化应结合造型平面分区线用标高的形式来表示，由于所注的是顶棚各构件底面的高度，因而标高符号的尖端应向上。

③表明顶部灯具的种类、式样、规格、数量及布置形式和

安装位置。顶棚平面图上的小型灯具按比例画出它的正投影外形轮廓，力求简明概括，并附加文字说明。

④表明空调风口、顶部消防与音响设备等设施的布置形式与安装位置。

⑤表明墙体顶部有关装饰配件（如窗帘盒、窗帘等）的形式和位置。

⑥表明顶棚剖面构造详图的剖切位置及剖面构造详图的所在位置。作为基本图的装饰剖面图，其剖切符号不在顶棚图上标注。

(2) 识读方法

①首先应弄清楚顶棚平面图与平面布置图各部分的对应关系，核对顶棚平面图与平面布置图在基本结构和尺寸上是否相符。

②对于某些有选级变化的顶棚，要分清它的标高尺寸和线型尺寸，并结合造型平面分区线，在平面上建立起二维空间的尺度概念。

③通过顶棚平面图，了解顶部灯具和设备设施的规格、品种与数量。

④通过顶棚平面图上的文字标注，了解顶棚所用材料的规格、品种及其施工要求。

⑤通过顶棚平面图上的索引符号，找出详图对照着识读，弄清楚顶棚的详细构造。

2　地面抹灰施工技术

2.1　水泥砂浆地面抹灰

(1) 工艺流程

基层清理 → 浇水湿润 → 弹水平线 → 洒水扫浆 → 做灰饼 → 冲筋 → 装档刮平 → 分层压光 → 养护

（2）基层清理、浇水

水泥砂浆地面依垫层不同可以分为混凝土垫层和焦砟垫层的水泥砂浆抹灰。在混凝土垫层上抹水泥砂浆地面时，抹灰前要把基层上残留的污物用铲刀等剔除掉。必要时要用钢丝刷子刷一遍，用笤帚扫干净，提前一两天浇水湿润基层。如果有误差较大的低洼部位，要在润湿后用 1∶3 水泥砂浆填补平齐，用木抹子搓平。

（3）弹线

抹灰开始前要在四周墙上依给定的标高线，返至地坪标高位置，在踢脚线上弹一圈水平控制线，来作为地面找平的依据，如图 4-40 所示。

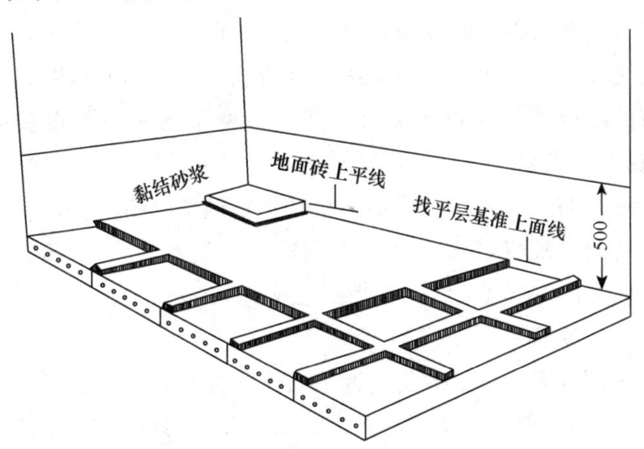

图 4-40　弹中部十字线和纵横控制线

（3）洒水扫浆

抹地面应采用 1∶2 水泥砂浆，砂子应以粗砂为好，含泥量不大于 3%。水泥最好使用强度等级为 42.5 级的普通水泥，也可用矿渣水泥。砂浆的稠度应控制在 4°以内。在大面抹灰前应先在基层上洒水扫浆。方法是先在基层上洒干水泥粉后，再洒上水，用笤帚扫均匀。干水泥用量以 1 kg/m² 为宜，洒水量以全部润湿地面，但不积水，扫过的灰浆有黏稠感为准。扫浆

的面积要有计划，以每次下班（包括中午）前能抹完为准。

(4) 做灰饼

①抹灰时如果房间不太大，用大杠可以横向搭通者，要依四周墙上的弹线为据，在房间的四周先抹出一圈灰条作标筋。抹好后用大杠刮平，用木抹子稍加拍实后搓平，用钢板抹子溜一下光。而后从里向外依标筋的高度，摊铺砂浆，摊铺的高度要比四周的筋高 3～5 mm，再用木抹子拍实，用大杠刮平，用木抹子搓平，用钢板抹子溜光。

依此方法从里向外依次退抹，每次后退留下的脚印要及时用抹子翻起，搅和几下，随后再依前法刮平、搓平、溜光。

②如果房间较大，要依四周墙上弹线，拉上小线，依线做灰饼。做灰饼的小线要拉紧，不能有垂度，如果线太长，中间要设挑线。做灰饼时要先做纵向（或横向）房间两边的，两行灰饼间距以大杠能搭及为准。然后以两边的灰饼再做横向的（或纵向）灰饼。

灰饼的上面要与地平面平行，不能倾斜、扭曲。做饼也可以借助于水准仪或透明水管。做好的灰饼均应在线下 1 mm，各饼应在同一水平面上，厚度应控制在 2 cm。

(5) 冲筋

灰饼做完后可以冲筋。冲筋长度方向与抹地面后退方向平行。相邻两筋距离以 1.2～1.5 mm 为宜（在做灰饼时控制好）。做好的筋面应平整，不能倾斜、扭曲。各条筋面应在同一水平面上。

(6) 装档刮平

在两条筋中间从前向后摊铺灰浆。灰浆经摊平、拍实、刮平、搓平后，用钢板抹子溜一遍。这样从里向外直到退出门口，待全部抹完后，表面的水已经下去时，再铺木板上去从里到外用木杠边检查（有必要时再刮平一遍）边用木抹子搓平，钢板抹子压光。这一遍要把灰浆充分揉出，使表面无砂眼，抹纹要平直，不要划弧，抹纹要轻。

(7) 分层压光

待到抹灰层完全收水（终凝前），抹子上去纹路不明显时，进行第三遍压光。各遍压光要及时、适时，压光过早起不到每遍压光应起到的作用。压光过晚时，抹压比较费力，而且破坏凝结硬化过程，对强度有影响。压光后的地面的四周踢脚要清洁，地面无砂眼，颜色均匀，抹纹轻而平直，表面洁净光滑。

(8) 养护

24 h后浇水养护，养护最好铺锯末或草袋等覆盖物。养护期内不可缺水，要保持潮湿，最好封闭门窗，保持一定的空气湿度。养护期不少于五昼夜，7 d后方可上人，要穿软底鞋，并不可搬运重物和堆放铁管等硬物。

2.2 环氧树脂自流平地面抹灰

(1) 工艺流程

清理地面 → 滚（刮）涂底漆 → 刮环氧腻子 → 打磨 → 涂面漆 → 打磨面漆 → 涂刷环氧罩光漆

(2) 清理地面

将地面上的尘土、脏物等清理干净，并用吸尘器进一步吸干净。

(3) 滚（刮）涂底漆

用纯棉辊子，从里边阴角依次均匀滚涂直至门口，也可以用刮板依次刮涂。

(4) 刮环氧腻子

当底漆涂刷后20 h以上时可以进行下一道环氧腻子的刮涂。刮涂环氧腻子是将环氧底漆与石英粉搅拌成糊状，用刮板刮在底漆上，刮时每道要刮平，刮板纹越浅越好，视底层平整度及工程的要求一般要刮2～3道，每道间隔时间视干燥程度而定，一般干至上人能不留脚印即可。

(5) 打磨

环氧腻子刮完后要用砂纸进行打磨，可分道进行。若每道腻子刮得都比较平整，可以只在最后一道时打磨。分道打磨时要在每道磨完后用潮布把粉尘清洁干净。

(6) 涂面漆

当完成底层腻子的打磨、清理晾干后即可进行面漆的涂饰。面漆是将环氧底漆与环氧色漆按 1∶1 的比例搅拌均匀后滚涂两遍以上，每遍要有充分的干燥时间。完成最后一道后，要间隔 28 h 以上再进行下一道的打磨。

(7) 面漆的打磨

换用 200 目的细砂纸对面漆进行打磨。打磨一定要到位，借助光线检查，星光越少越好。然后用潮布擦抹干净（为提高清理速度，并防止潮布中的水分过多地进入面漆，擦抹前可先用吸尘器吸一下打磨的粉末），晾干。

(8) 涂刷环氧罩光漆

面漆晾干后可进行地面罩光漆的施工。方法是用甲组分物料涂刷两遍，第二天即干燥，但要等到自然养护 7 d 以上才能达到强度。

(9) 质量检验

整体观感：表面洁净、色泽一致、光亮美观。表面平整度：用 2 m 靠尺、楔形塞尺检查，尺与墙面空隙不超过 2 mm。

2.3 楼梯踏步抹灰

(1) 工艺流程

基层清理 → 弹线找规矩 → 打底子 → 罩面

(2) 基层清理

楼梯踏步抹灰前，应对基层进行清理。对残留的灰浆进行剔除，面层过于光滑的应进行凿毛，并用钢丝刷子清刷一遍，洒水湿润。并且要用小线依梯段踏步最上和最下两步的阳角为准拉直，检查一下每步踏步是否在同一条斜线上，如果有过低的，要事先用 1∶3 水泥砂浆或豆石混凝土，在涂刷黏结层后补齐，如果有个别高的要剔平。

(3) 弹线

在踏步两边的梯帮上弹出一道与梯段平行，高于各步阳角 1.2 cm 的打底控制斜线，再依打底控制斜线为据，向上平移 1.2 cm，弹出踏步罩面厚度控制线，两道斜线要平行。

(4) 打底子

①打底时，在湿润过的基层上先刮一道素水泥或掺加 15%水质量的 108 胶水泥浆，紧跟着用 1∶3 水泥砂浆打底。方法是把踏面抹上一层 6 mm 厚的砂浆，或把近阳角 7～8 cm 处的踏面至阳角边抹上 6 mm 厚的一条砂浆。然后用八字尺反贴在踏面的阳角处粘牢，或用砖块压牢，用 1∶3 水泥砂浆依靠尺打出踢面底子灰。

②如果踢面的结构是垂直的，打底也要垂直。如果原结构是倾斜的，每段踏步上若干踢面要按一个相同的倾斜度涂抹。抹好后，用短靠尺刮平、刮直，用木抹子搓平。然后取掉靠尺，刮干净后，正贴在抹好的踢面阳角处，高低与梯帮上所弹的控制线一样平并粘牢，而后依尺把踏面抹平，用小靠尺刮平，用木抹子搓平。

③要求踏面要水平，阳角两端要与梯帮上的控制线一样平。如上方法依次抹第二步、第三步，直至全部完成。为了与面层较好地黏结，有时可以在搓平后的底子灰上划纹。

(5) 罩面

打完底子后，可在第二天开始罩面，如果工期允许，在底子灰抹完后用喷浆泵喷水养护两三天后罩面更佳。

①罩面采用 1∶2 水泥砂浆。抹面的方法基本与打底相同。只是在用木抹子搓平后要用钢板抹子溜光。

②抹完三步后，要进行修理。方法是从第一步开始，先用

抹子把表面揉压一遍，要求揉出灰浆，把砂眼全部填平，如果压光的过程中有过干的现象时可以边洒水边压光；如果表面或局部有过湿易变形的部位时，可用干水泥或1∶1干水泥砂子拌合物吸一下水，刮去吸过水的灰浆后再压光。

③压过光后，用阳角抹子把阳角捋直、捋光，再用阴角抹子把踏面与踢面的相交阴角和踏面、踢面与梯帮相交的阴角捋直、捋光，而后用抹子把捋过阴角和阳角所留下的印迹压平，再把表面通压一遍交活。

④依此法再进行下边三步的抹压、修理，直至全部完成。

(6) 踏步

如果设计要求踏步出檐时，应在踏面抹完后，把踢面上粘贴的八字尺取掉，刮干净后，正贴在踏面的阳角处，使靠尺棱凸出抹好的踢面5 mm。另外取一根5 mm厚的塑料板（踢脚线专用板），在踢面离上口阳角的距离等于设计出檐宽度的位置粘牢，然后在塑料板上口和阳角粘贴的靠尺中间凹槽处，用罩面灰抹平压光。拆掉上部靠尺和下部塑料板后将阴、阳角用阴、阳角抹子捋直、捋光，立面通压一遍交活。

(7) 设防滑条

①如果设计要求踏步带防滑条时，一种方法是打底后在踏面离阳角2～4 cm处粘一道米厘条，米厘条长度应每边距踏步帮3 cm左右，米厘条的厚度应与罩面层厚度一致（并包括粘条灰浆厚度），在抹罩面灰时，与米厘条一样平。待罩面灰完成后隔一天或在表面压光时起掉米厘条。另一种方法是在抹完踏面砂浆后，在防滑条的位置铺上刻槽靠尺，如图4-41所示，用划缝镏子（图4-42）把凹槽中的砂浆挖出。

②待踏步养护期过后，用1∶3水泥金刚砂浆把凹槽填平，并用护角抹子把水泥金刚砂浆捋出一道凸出踏面的半圆形小灰条的防滑条来，捋防滑条时要在凹槽边顺凹槽铺一根短靠尺来作为防滑条找直的依据。

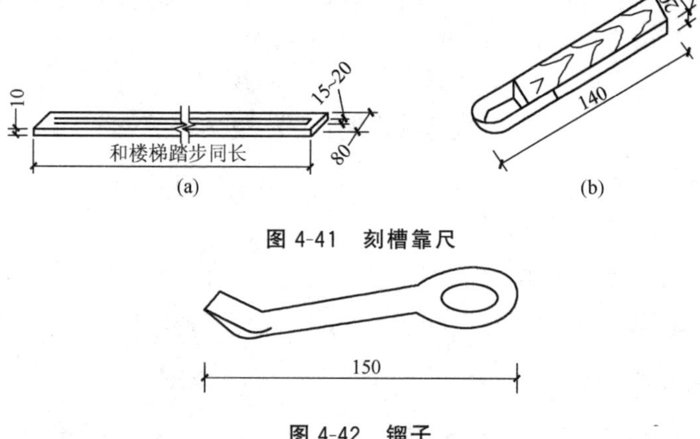

图 4-41　刻槽靠尺

图 4-42　镏子

③抹防滑条的水泥金刚砂浆稠度值要控制在 4°以内，以免防滑条产生变形。在施工中，如感到灰浆不吸水时，可用干水泥吸水后刮掉，再捋直、捋光。待防滑条吸水后，在表面用刷子把防滑条扫至露出砂粒即可。

(8) 养护

楼梯踏步的养护应在最后一道压光后的第二天进行。要在上边覆盖草袋、草帘等以保持草帘潮湿为度，养护期不少于 7 d。10 d 以内上人要穿软底鞋，14 d 内不得搬运重物在梯段中停滞、休息。为了保证工程质量，楼梯踏步养护一般应在各项工程完成后进行。

(9) 高级工程楼梯踏步

①以每个梯段最上一步和最下一步的阳角间斜线长度为斜线总长（但要注意最下一步梯面的高度一定要与其他梯面高度一致），用总长除以踏步的步数减 1 所得的商，为匀分后踏步斜线上每段的长度。以这个长度在斜线上分别找出匀分线段的点，该点即为所对应的每步踏步阳角的位置。

②在抹灰的操作中，踏面在宽度方向要水平，踢面要垂直（斜踢面斜度要一致），这样可保证要求的所有踏面宽度相等，

踢面高度尺寸一致。防滑条的位置应采用镶米厘条的方法留槽，待磨光后，再起出米厘条，镶填防滑条材料。

3 墙面抹灰施工技术

3.1 内墙抹灰

(1) 操作流程

浇水湿润、做灰饼、挂线 → 冲筋、装档 → 做门窗护角 → 做窗台 → 做踢脚 → 罩面

(2) 浇水湿润

浇水湿润墙基层是使抹灰层能与基层较好地连接避免空鼓的重要措施，浇水可在做灰饼前进行，亦可在做完灰饼后第二天进行。

浇水一定要适度，浇水多者容易使抹灰层产生流坠、变形，凝结后造成空鼓；浇水不足者，在施工中砂浆干得过快，黏结不牢固，不易修理，进度下降，且消耗操作者体能。

(3) 做灰饼、挂线

做灰饼、挂线的方法是用托线板检查墙面的垂直度和平整度，以此来决定灰饼的厚度。如果是高级抹灰，不仅要依据墙面的垂直度和平整度，还要依据找平来决定灰饼的厚度。

①做灰饼时要在墙两边距阴角 10～20 cm 处，2 m 左右的高度各做一个大小为 5 cm 见方的灰饼。

②再用托线板挂垂直，依上边两灰饼的出墙厚度，在上边两灰饼的同一垂线上，距踢脚线上口 3～5 cm 处，各做一个下边的灰饼。要求灰饼表面平整不能倾斜、扭翘，上下两灰饼要在一条垂线上。

③然后在所做好的 4 个灰饼的外侧，与灰饼中线相平齐的高度各钉一个小钉。在钉上系小线，要求线要离开灰饼面

1 mm，并要拉紧。再依小线做中间若干灰饼。

④中间灰饼的厚度也以距小线 1 mm 为宜。各灰饼的间距可以自定。一般以 1～1.5 m 为宜。上下相对应的灰饼要在同一垂线上。

⑤灰饼挂线冲筋的操作如图 4-43 所示。

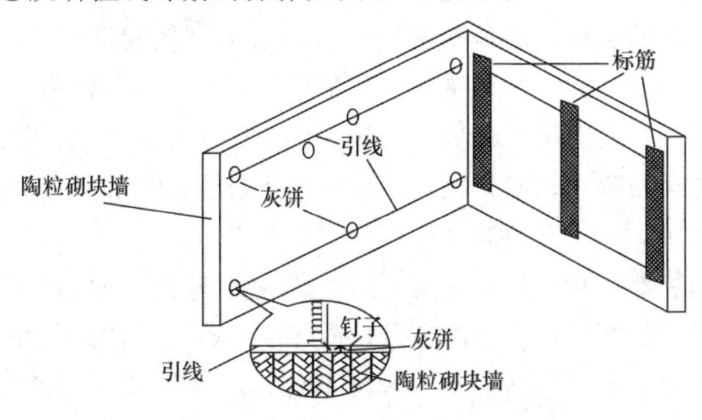

图 4-43　灰饼挂线冲筋示意

⑥如果墙面较高（3 m 以上），要在距顶部 10～20 cm、距两边阴角 10～20 cm 的位置各做一个上边的灰饼，而后上下两人配合用缺口木板挂垂直做下边的灰饼，由于墙身较高，上下两饼间距比较大，可以通过挂竖线的方法在中间适当增加灰饼，如图 4-44 所示，方法同横向挂线。

图 4-44　做灰饼

(4) 冲筋、装档

手工抹灰一般冲竖筋，机械抹灰一般冲横筋。以手工抹灰为例，冲筋时可用冲筋抹子，也可以用普通铁抹子。

①冲筋所用砂浆与底子灰相同，以 1∶3 石灰砂浆为例，具体方法是在上下两个相对应的灰饼间抹上一条宽 10 cm、略高于灰饼的灰梗，用抹子稍压实，而后用大杠紧贴在灰梗上，上右下左或上左下右地错动直到刮至与上下灰饼一样平。

把灰梗两边用大杠切齐，然后用木抹子竖向搓平。如果刚抹完的灰梗吸水较慢，就要多抹出几条灰梗，待前边抹好的灰梗吸水后，从前开始向后逐条刮平、搓平。

②装档可在冲筋后适时进行。若过早进行，冲的筋太软，在刮平时易变形，若过晚进行，冲筋已经收缩，依此收缩后的筋抹出的底子灰收缩后易出现墙面低洼、冲筋处突出的现象。所以要在冲筋稍有强度，不易被大杠轻刮而产生变形时进行。一般约为 30 min，但要依现场具体情况（气候和墙面吸水程度）确定。

③装档要分两遍完成，第一遍薄抹一层，视吸水程度决定抹第二遍的时间。第二遍要抹至与两边冲筋一样平。

④抹完后用大杠依两边冲筋，从下向上刮平。刮时要依左上→右上→左上→右上的方向抖动大杠，也可以从上向下依左下→右下→左下→右下的方向刮平。

⑤如有低洼的缺灰处要及时填补后刮平。待刮至完全与两边筋一样平时，稍待片刻用木抹子搓平。在刮大杠时一定要注意所用的力度，只须把冲筋作为依据，不可把大杠过分用力地向墙里捺，以免刮伤冲筋。

⑥如果有刮伤冲筋的情况，要及时把伤筋填补上灰浆，修理好后方可进行装档。

⑦待全部完成后要用托线板和大杠检查垂直度、平整度是否在规范允许范围内。

⑧如果数据超出验收规范，要及时修理。要求底子灰表面平整，没有大坑、大包、大砂眼，要有细密感、平直感。

(5) 门窗护角

抹墙面时，门窗口的阳角处为防止碰撞而损坏，要用水泥砂浆做出护角，方法如下：

①在门窗口的侧面抹 1∶3 水泥砂浆后，在上面用砂浆反粘八字尺或直接在口侧面反卡八字尺使外边通过拉线或用大杠靠平的方法与所做的灰饼一样平，上下吊垂直。

②然后在靠尺周边抹出一条 5 cm 宽、厚度以靠尺为据的灰梗。

③把大杠搭在门窗口两边的靠尺上把灰梗刮平，用木抹子搓平。拆除靠尺刮干净，正贴在抹好的灰梗上，用方尺依框的截口定出稳尺的位置，上下吊垂直后，轻敲靠尺使之粘住或用卡子固定，随之在侧面抹好砂浆。

④在抹好砂浆的侧面用方尺找出方正，划捺出方正痕迹，再用小刮尺依方正痕迹刮平、刮直，用木抹子搓平，拆除靠尺，把灰梗的外边割切整齐。

⑤待护角底子六七成干时，用护角抹子在做好的护角底子的夹角处捋一道素水泥浆或素水泥略掺小砂子（过窗纱筛）的水泥护角。也可根据需要直接用 1∶3 水泥砂浆打底，1∶2.5 水泥砂浆罩面。单抹正面小灰梗时要略高出灰饼12 mm，以备墙面的罩面灰与正面小灰梗一样平，如图 4-45 所示。

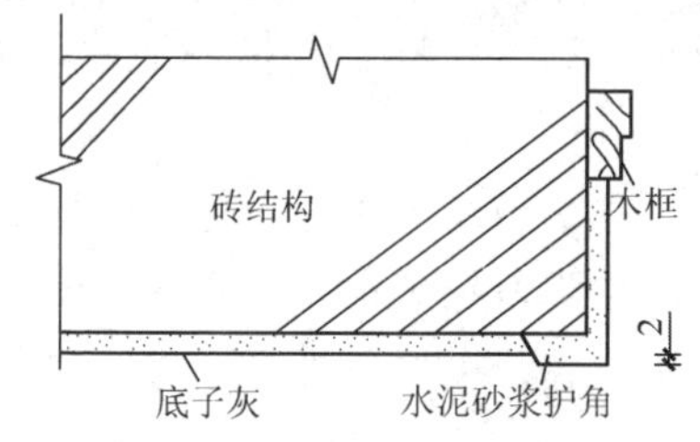

图 4-45　门窗口角做法

(6) 窗台

室内窗台的操作往往结合抹窗口阳角一同施工，也可以随做护角时只打底，而后单独进行面板和出檐的罩面抹灰，但方法相同。具体做法如下：

①先在台面上铺一层砂浆，用抹子基本摊平，在这层砂浆上边反粘八字靠尺，使尺外棱与墙上灰饼一样平，然后依靠尺在窗台下的正面墙上抹出一条略宽于出檐宽度的灰条，并把灰条用大杠依两边墙上的灰饼刮平，用木抹子搓平，随即取下靠尺贴在刚抹完的灰条上，用方尺依窗框的子口定出靠尺棱的高低，靠尺要水平。

②确认无误后要粘牢或用卡子卡牢靠尺，随后依靠尺在窗台面上摊铺砂浆，用小刮尺刮平，用木抹子搓平，台面横向（室内）要用钢板抹子溜光，待稍吸水后取下靠尺，把靠尺刮干净再次放在抹好的台面上，一定要放正。要求尺的外棱边突出灰饼，突出的厚度等于出檐要求的厚度。

③另外取一方靠尺，要求尺的厚度等于窗台沿要求的厚度。把方靠尺卡在抹好的正面灰条上，高低位置要比台面低出相当于出檐宽度的尺寸，一般为 5～6 cm。如果房间净空高度比较低，也可以把出檐缩减到 4 cm 宽。台面上的靠尺要用砖压牢，正面的靠尺要用卡子卡稳。这时可在上下尺的缝隙处填抹砂浆。

④如果砂浆吸水较慢，可以先薄抹一层后，用干水泥粉吸一下水。刮去吸水后的水泥粉，再抹一层后，用木抹子搓平，用钢抹子溜光。

⑤待吸水后，用小靠尺头比齐，把窗台两边的耳朵上口与窗台面找平切齐，用阴角抹子捋光。取下小靠尺头再换一个方向把耳朵两边出头切齐。一般出头尺寸与檐宽相等，即两边耳朵要呈正方形。

⑥最后用阳角抹子把阳角捋光，用小鸭嘴把阳角抹子捋过

的印迹压平，表面压光，沿的底边要压光。

⑦室内窗台一般用1∶2水泥砂浆。

(7) 踢脚、墙裙

踢脚、墙裙一般多在墙面底子灰施工后，罩面纸筋灰施工前进行施工，也可以在抹完墙面纸筋灰后进行施工。一般做法如下：

①根据灰饼厚度，抹高于踢脚或墙裙上口3～5 cm的1∶3水泥砂浆（一般墙面石灰砂浆打底要在踢脚、墙裙上口留3～5 cm，这样恰好与墙面底子灰留槎相接），作底子灰。底子灰要求刮平、刮直、搓平，要与墙面底子灰一样平并垂直。

②然后依给定的水平线返至踢脚、墙裙上口位置，用墨斗弹上一周封闭的上口线。

再依弹线用纸筋灰略掺水泥的混合纸筋灰浆把专用的5 mm厚塑料板粘在弹线上口，高低以弹线为准，平整用大杠靠平，拉小线检查调整。

③无误后，在塑料板下口与底子灰的阴角处用素水泥浆抹上小八字。这样做的目的是既能稳固塑料板，又能使抹完的踢脚、墙裙在拆掉塑料板后上口好修理，修理后上棱角挺直、光滑、美观。在小八字抹完吸水后，随即抹1∶2.5水泥砂浆，厚度与塑料板平齐，竖向要垂直。

④抹完后用大杠刮平，如有缺灰的低洼处要随时补齐，再用大杠刮平，而后用木抹子搓平，用钢板抹子溜光。如果吸水较快，可在搓平时边洒水边搓平，如果不吸水则要在抹面时分成两遍，抹完第一遍后用干水泥吸过水刮掉，然后再抹第二遍。在吸水后，面层用手指抹，手印不大时，再次压光。

⑤然后拆掉塑料板，将上口小阳角用靠尺靠住（尺棱边与阳角一样平），用阴角抹子把上口捋光。取掉靠尺后用专用的踢脚、墙裙阳角抹子，把上口边捋光捋直，用抹子把捋角时留

下的印迹压光。把相邻两面墙的踢脚、墙裙阴角用阴角抹子捋光。最后通压一遍。踢脚和墙裙要求立面垂直，表面光滑平整，线角清晰、丰满、平直，出墙厚度均匀一致。

(8) 纸筋灰罩面

①纸筋灰罩面应在底子灰完成第二天开始进行施工。

②罩面施工前要把使用的工具，如抹子、压子、灰槽、灰勺、灰车、木阴角、塑料阴角等刷洗干净。

③要视底子灰颜色而决定是否浇水润湿和浇水量的大小。如果需要浇水，可用喷浆泵从上至下通喷一遍，喷浇时注意踢脚、墙裙上的水泥砂浆底子灰上不要喷水，这个部位一般不吸水。

④踢脚、窗台等最好用浸过水的牛皮纸粘盖严密，以保持清洁。

⑤罩面时应把踢脚、墙裙上口和门、窗口等用水泥砂浆打底的部位，先用水灰比小一些的纸筋灰抹一遍，因为这些部位往往吸水较慢。

⑥罩面应分两遍完成。第一遍竖抹，要从左上角开始，从左到右依次抹，抹至右边阴角完成。再转入下一步架，依然是从左向右抹，第一遍要薄薄抹一层，用铁抹子、木抹子、塑料抹子均可以。一般要把抹子放陡一些刮抹，厚度不超过0.5 mm,每相邻两抹子的接槎要刮严。第一遍刮抹完稍吸水后再抹第二遍。在抹第二遍前，最好把相邻两墙的阴角处竖向抹出一抹子纸筋灰。这样做的目的是既可以防止相邻墙面底子灰的砂粒进入抹好的纸筋灰面层中，又可以在抹完第一面墙后就能在压光的同时及时把阴角修好。在抹第二遍时要把两边阴角处竖向先抹出一抹子宽后，溜一下光，然后用托线板检查一下，如有问题及时修正好，再从上到下，从左向右横抹中间的面层灰。

⑦两层总厚度不超过 2 mm，要求抹得平整，抹纹平直，

不要划弧，抹纹要宽，印迹应轻。

⑧抹完后用托线板检查垂直度、平整度，如果有突出的小包可以轻轻向一个方向刮平，不要往返刮。有低洼处时要及时补上灰，接槎要压平。一般情况下要按“少刮多填”的原则，能不刮的就不刮，尽量采用填补找平，全部修理好后要溜一遍光，再用长木阴角抹子把两边阴角捋直，用塑料阴角抹子溜光。

⑨随后，用塑料压子或钢皮压子把捋阴角的印迹压平，把大面通压一遍。这遍要横走抹子，要走出抹子花（即抹纹）来，抹子花要平直，不能波动或划弧，最好是通长走（从一边阴角到另一边阴角一抹子走过去），抹子花要尽量宽，所谓“几寸抹子，几寸印”。

⑩最后把踢脚、墙裙等上口的保护纸揭掉，把踢脚、墙裙及窗台、口角边用水泥砂浆打底的不易吸水部位修理好。要求大面平整，颜色一致，抹纹平直，线角清晰，最后把阳角及门、窗框上污染的灰浆擦干净交活。

(9) 刮灰浆罩面

刮灰浆罩面比较薄，可以节约石灰膏。但一般只适用于要求不高的工程。它是在底层灰浆尚未干，只稍收水时，用素石灰膏刮抹入底层中无厚度或不超过 0.3 mm 厚度的一种刮浆操作。刮灰浆罩面的底子灰一定要用木抹子搓平。刮面层素浆时一定要适时，太早易造成底子灰变形，太晚则素浆勒不进底子灰中，也不利于修理和压光。一般以底子灰在抹子抹压下不变形而又能压出灰浆时为宜。面层灰刮抹完后，随即溜一遍光，稍收水后，用钢板抹子压光即可。

(10) 石膏灰浆罩面

石膏的凝结速度比较快，所以在抹石膏浆墙时，一般要在石膏浆内掺入一定量的石灰膏或角胶等，以使其缓凝，利于操作。

①石膏浆的拌制要有专人负责，随用随拌，一次不可拌和过多，以免造成浪费。

②拌制石膏浆时，要先把缓凝物和水拌成溶液，再用窗纱筛把石膏粉放入筛中筛在溶液内，边筛边搅动以免产生小颗粒。

③石膏浆抹灰的底层与纸筋灰罩面的底层相同，采用1∶3石灰砂浆打底。

④面层的操作一般为三人合作，一人在前抹浆，一人在中间修理，一人在后压光。面层分两遍完成，第一遍薄薄刮一层，随后抹第二遍，两遍要垂直抹，也可以平行抹。一般第二遍为竖向抹，因为这样利于三人流水作业。

⑤面层的修理、压光等方法可参照纸筋灰罩面。

(11) 水砂罩面

①水砂罩面是高级抹灰的一种，其面层有清凉、爽滑感。水砂含盐，所以在拌制灰浆时要用生石灰现场淋浆，热浆拌制，以便使水砂中的盐分挥发掉。灰浆要一次拌制，充分熟化一周以上方可使用。

②操作方法基本同石膏罩面，需要两人配合，一人在前涂抹，一人在后修理、压光。

③涂抹时用木抹子为好，特别是使用多次后的旧木抹子。

④压光则用钢板抹子。最后用钢压子压光，要边洒水边竖向压光，阴角部位要用阴角抹子捋光。

⑤要求线角清晰美观，面层光滑平整、洁净，抹纹顺直。

(12) 石灰砂浆罩面

石灰砂浆罩面在底层砂浆收水后立即进行或在底层砂浆干燥后，浇水润湿再进行均可。

①石灰砂浆罩面的底层用1∶3石灰砂浆打底，方法同前。

②面层用1∶2.5石灰砂浆抹面。

③抹中间大面时要以抹好的灰条作为标筋，一般是横向

抹，也可竖向抹。抹时一抹子接一抹子，接槎平整，薄厚一致，抹纹顺直。

④抹完一面墙后，用大杠依标筋刮平，缺灰的部位要及时补灰，用托线板挂垂直。

⑤无误后，用木抹子搓平，用钢板抹子压光，如果墙面吸水较快，应在搓平时，边洒水边搓，要搓出灰浆。压光后待表面稍吸水时再次压光。当抹子抹上去印迹不明显时，做最后一次压光。

⑥相邻两面墙都抹完后，要把阴角用刷子甩水，将木阴角抹子端稳，放在阴角部上下通搓，搓直、搓出灰浆，而后用铁阴角抹子捋光，用抹子把通阴角留下的印迹压平。

⑦石灰砂浆罩面的房间一般门窗护角要做成用水泥砂浆直接压光的，可以随抹墙一同进行，也可以提前进行。如果是提前进行，可参照护角的做法，但抹正面小灰梗条时要考虑抹面砂浆的厚度。如果是随抹墙一同做的，要在护角的侧面用1∶2.5水泥砂浆反粘八字尺，使尺外棱与墙面面层厚度一致，然后吊垂直。抹墙时把尺周边5 cm处改用1∶2.5水泥砂浆，修理压光后取下八字尺刷干净，反贴在正面抹好的水泥砂浆灰条上，依框的裁口用方尺决定靠尺棱的位置，挂吊垂直后卡牢，再抹侧小面（方法同前）。

3.2 外墙抹灰

(1) 工艺流程

浇水湿润→做灰饼、挂线→冲筋、装档→镶米厘条→罩面

(2) 浇水湿润

抹灰前基层表面的尘土、污垢、油渍等都应先清除干净，再洒水进行润湿。一般是在抹灰前一天，用软管或胶皮管或喷壶顺墙自上而下浇水湿润。通常是每天浇两次。

砖墙抹水泥砂浆较抹石灰砂浆对基层进行浇水湿润的问题更为关键。因为水泥砂浆比石灰砂浆吸水的速度快得多。有经

验的技术工人可以依季节、气候、气温及结构的干湿程度等，比较准确地估计出浇水量。如果没有把握时，可以把基层浇至基本饱和程度后，夏季施工时第二天可开始打底；春季、秋季施工时要过两天后才可进行打底，也可以根据浇水后砖墙的颜色来判断浇水的程度是否合适。所谓抹水泥砂浆较难，其实就难在掌握火候（吸水速度）上。

(3) 做灰饼、挂线

①由于水泥砂浆抹灰往往在室外施工，与室内抹灰比较，有跨度大、墙身高的特点。所以在做灰饼时要多采用缺口木板，做上、下两个，两边共做四个灰饼。操作时要先抹上灰饼，再抹下灰饼。两边的灰饼做完后，要挂竖线依上下灰饼做中间若干灰饼。

②然后再横向挂线做横向的灰饼。每个灰饼均要离线1 mm，竖向每步架不少于一个，横向以1～1.5 m的距离为宜，灰饼大小为5 cm见方，要与墙面平行，不可倾斜、扭翘。做灰饼的砂浆材料与底子灰相同，采用1∶3水泥砂浆。

(4) 冲筋、装档操作

①冲筋、装档可参照石灰砂浆的做法。

②由于外墙面极大，参与的施工人员多，可以用专人在前冲筋，后跟人装档。

③冲筋要有计划，在速度上，要与装档保持相应的距离；在量上，要以每次下班前能完成装档为准，不要做隔夜标筋。控制好冲筋与装档的时间距离，一般以标筋尚未收缩，但装档时大杠上去不变形为度。这样形成一个小流水，比较有节奏、有次序，工作起来有轻松感。

④在装档打底过程中遇有门窗口时，可以随抹墙一同打底，也可以把离门窗口角一周5 cm及侧面留出来先不抹，派专人在后抹，这样施工比较快。门窗口角的做法可参照门窗护角做法。

⑤如遇有阳角大角要在另一面反贴八字尺，尺棱边出墙与灰饼一样平，靠尺粘贴完要挂垂直，然后依尺抹平、刮平、搓平。做完一面后，翻尺正贴在抹好的一面，再做另一面，方法相同。

（5）镶米厘条

室外抹水泥砂浆是为了防止因面积过大而不便施工操作和砂浆收缩产生裂缝，达不到所需要的装饰效果，常采用分格的做法。

①分格多采用镶米厘条的方法。

②米厘条的截面尺寸一般由设计而定。

③粘贴米厘条时要在打底层上依设计分格，弹分格线。分格线要弹在米厘条的一侧，不能居中，一般水平条多弹在米厘条的下口（不粘靠尺的弹在上口），竖直条多弹在米厘条的右边。而且也要和打底子一样，竖向在大墙两边大角拉垂直通线，线与墙底子灰的距离和米厘条的厚度加粘米厘条的灰浆厚度一致。横向在每根米厘条的位置也要依两边大角竖线为准拉横线。

④粘贴米厘条时应该在竖条的线外侧、横条的线下依线先用打点法粘一根靠尺作为依托标准，而后再于其一（上）侧粘米厘条，粘米厘条时先在米厘条的背面刮抹一道素水泥浆，而后依线或靠尺把米厘条粘在墙上，然后在米厘条的一侧抹出小八字灰条，等小八字灰吸水后起掉靠尺把另一面也抹上小八字灰。

⑤镶好的米厘条表面要与线一样平。米厘条在使用前要捆在一起浸泡在米厘条桶内，也可以用大水桶浸泡，浸泡时要用重物把米厘条压在水中泡透。泡米厘条的目的是，米厘条干燥后会因水分蒸发而产生收缩，这样易取出；另外，米厘条刨直后容易产生变形影响使用，而浸泡透的米厘条比较柔软，没有弹性，可以很容易调直，并且米厘条浸湿后，在抹面时，米厘

条边的砂浆能修压出较尖直的棱角，取出米厘条后，分格缝的棱角比较清晰美观。

⑥粘贴米厘条可以分隔夜和不隔夜两种。不隔夜条抹小八字灰时，八字的坡度可以放缓一些，一般为 45°；隔夜条的小八字灰抹时要放得稍陡一些，一般为 60°，如图 4-46 所示。

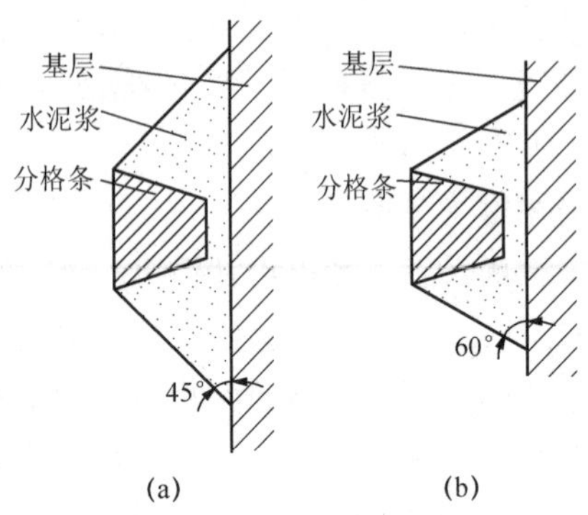

图 4-46　镶米厘条打灰的角度示意

（a）不隔夜条；（b）隔夜条

(5) 罩面

大面的米厘条粘贴完成后，可以抹面层灰，面层灰要从最上一步架的左边大角开始。

①大角处可在另一面抹 1∶2.5 水泥砂浆，反粘八字尺，使靠尺的外边棱与粘好的米厘条一样平。

②在抹面层灰时，有时为了与底层黏结牢固，可以在抹面层前，在底子灰上刮一道素水泥黏结层，紧跟抹面层用 1∶2.5 水泥砂浆罩面，抹面层时要依分格块逐块进行，抹完一块后，用大杠依米厘条或靠尺刮平，用木抹子搓平，用钢板抹子压光。

③待收水后再次压光，压光时要把米厘条上的砂浆刮干净，以便能清楚地看到米厘条的棱角。

④压光后可以及时取出米厘条。方法是用鸭嘴尖扎入米厘

条中间，向两边轻轻晃动，在米厘条和砂浆产生缝隙时轻轻提出，把分格缝内用溜子溜平、溜光，把棱角处轻轻压一下。

⑤米厘条也可以隔日取出，特别是隔夜条不可马上取出，要隔日再取，这样比较保险而且也比较好取。因为米厘条干燥收缩后，与砂浆产生缝隙，这时只要用刨锛或抹子根轻轻敲振后即可自行跳出。

⑥室外墙面有时为了颜色一致，在最后一次压光后，可以用刷子蘸水或用干净的干刷子，按一个方向在墙面上直扫一遍。要一刷子挨一刷子，不要漏刷，使颜色一致，微有石感。

⑦室外的门窗口上檐底要做出滴水。滴水的形式有鹰嘴、滴水线和滴水槽，如图 4-47 所示。

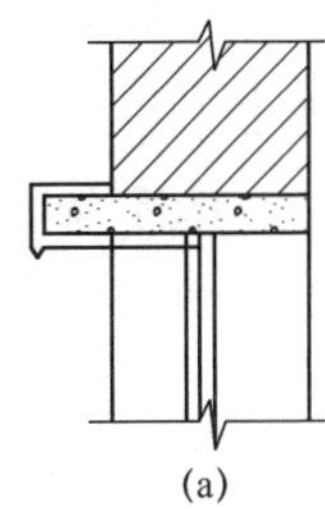
(a)

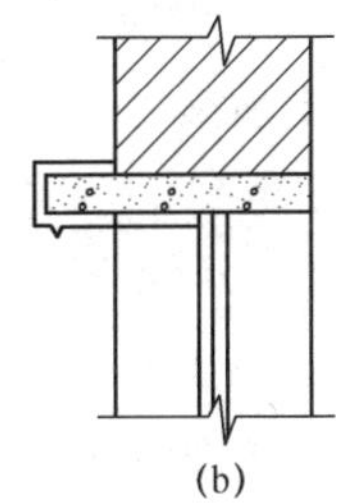
(b)

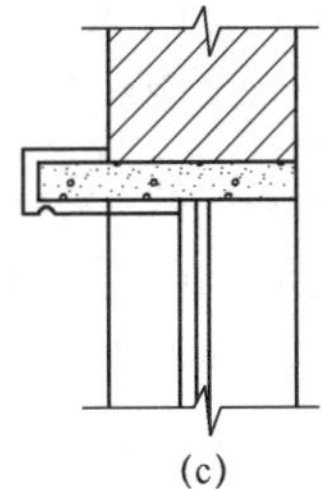
(c)

图 4-47　滴水的形式

(a) 鹰嘴；(b) 滴水线；(c) 滴水槽

⑧在抹室内（如工业厂房之类）较大的墙面时，由于没有米厘条的控制，平整度、垂直度不易掌握，可以在打好底的底子灰的阴角处竖向挂出垂直线，线离底子灰的距离要比面层砂浆多 1 mm。这时可依线在每步架上都用碎瓷砖片抹灰浆做一个饼，做完两边竖直方向后，改横向，做中间横向的饼。

⑨抹面层灰时，可以依这些小饼直接抹也可以先冲筋再抹。在抹完刮平后可挖出小瓷砖饼，填上砂浆一同压光。

⑩由于墙面比较大，有时一天完不成，需要留槎，槎不要留在与脚手板找平处，因为这个部位不便操作容易出问题，要留在脚手板偏上或偏下的位置。而且槎口处横向要刮平、切

直，这样比较好接。接槎时应在留槎上刷一道素水泥浆，随后再抹出一抹子宽砂浆，用木抹子把接口处搓平，接槎要严密、平整。然后用钢板抹子压光，再抹下边的砂浆。

3.3 混凝土墙抹灰

(1) 工艺流程

基层处理→喷水湿润→吊直、套方、打规矩、贴灰饼、冲筋→抹底层砂浆→弹线分格、嵌分格条→抹面层砂浆、起分格条→抹滴水线（槽）→养护

(2) 基层处理

混凝土墙面一般外表比较光滑，且带模板隔离剂，容易造成基层与抹灰层脱鼓，产生空裂现象，所以要做基层处理。

①在抹灰前要对基层上所残留的隔离剂、油毡、纸片等进行清除。油毡、纸片等要用铲刀铲除掉，对隔离剂先要用10%的火碱水清刷，再用清水冲洗干净。

②对墙面突出的部位要用錾子剔平。

③过于低洼处要在涂刷界面剂后，用1∶3水泥砂浆填齐补平。

④对比较光滑的表面，应用刨锛、剁斧等进行凿毛，凿完毛的基层要用钢丝刷子把粉尘刷干净。

(3) 浇水湿润

抹灰前，要浇水湿润，一般要提前一天进行，浇水湿润时最好使用喷浆泵。

(4) 抹结合层

抹结合层第二天进行。

①结合层可采用15%～20%水质量的108胶水泥浆，稠度为7°～9°。也可以用10%～15%水质量的乳液，拌和成水泥乳液聚合物灰浆，稠度为7°～9°。

②用小笤帚头蘸灰浆，垂直于墙面方向甩粘在墙上，厚度

控制在 3 mm，也可以在灰浆中略掺细砂。

③甩浆要有力、均匀，不能漏甩，如有漏甩处要及时补上。

④结合层的另一种做法是不用甩浆法，而是前边有人用抹子薄薄刮抹一道灰浆，后边紧跟钢板糙刮抹一层 3～4 mm 厚的 1∶3 水泥砂浆。

⑤结合层做完后，第二天浇水养护。养护要充分，室内采用封闭门窗喷水法，室外要有专人养护，特别是夏季，结合层不得出现发白现象，养护不少于 48 h。

⑥待结合层有一定强度后方可进行找平。

(5) 其他工序

其他工序参照砌体墙抹灰的做法。做灰饼、冲筋、装档、刮平、搓平，而后在上边划痕以利黏结。抹面层前也要养护，并在抹面层砂浆前先刮一道素水泥。抹完黏结层后紧跟再抹面层砂浆。

3.4 加气混凝土墙面抹灰

(1) 工艺流程

清扫基础 → 浇水湿润 → 修补勾缝 → 刮糙 → 罩面 → 修理、压光

(2) 操作方法

①加气板、砖抹灰前要把基层的粉尘清扫干净。

②由于加气板、砖吸水速度比红砖慢，所以可采用两次浇水的方法，即第一次浇水后，隔半天至一天后，浇第二遍，一般要达到吃水 10 mm 左右。

③把缺棱掉角比较大的部位和板缝用 1∶0.5∶4 的水泥石灰混合砂浆补平、勾平。

④待修补砂浆六七成干时，用掺加 20％水质量的 108 胶水涂刷一遍，也可在胶水中掺加一部分水泥。紧跟刮糙，刮糙厚度一般为 5 mm，抹刮时抹子要放陡一些。刮糙的配比要视面层用料而定。如果是水泥砂浆面层，刮糙用 1∶3 水泥砂浆，

内略加石灰膏，或用石灰水搅拌水泥砂浆。如果是混合灰面层，刮糙用1∶1∶6混合砂浆，而石灰砂浆或纸筋灰面层，刮糙可用1∶3石灰砂浆略掺水泥。

⑤在刮糙六七成干时可进行中层找平，中层找平的做灰饼、冲筋、装档、刮平等程序和方法可参照前文的有关部分。采用的配合比应分别为水泥砂浆面层的中层用1∶3水泥砂浆；混合砂浆面层的中层用1∶1∶6或1∶3∶9混合砂浆；石灰砂浆面层和纸筋灰面层的中层找平用1∶3石灰砂浆。

⑥待中层灰六七成干时可进行面层抹灰。水泥砂浆面层采用1∶2.5水泥砂浆；混合砂浆面层采用1∶3∶9或1∶0.5∶4混合砂浆；石灰砂浆面层采用1∶2.5石灰砂浆。

4 顶棚抹灰施工技术

4.1 现浇混凝土楼板顶棚抹灰

(1) 施工准备

①检查其基体有无裂缝或其他缺陷，表面有无油污、不洁或附着杂物（塞模板缝的纸、油毡及钢丝、钉头等），如为预制混凝土板，则检查其灌缝砂浆是否密实。

②检查暗埋电线的接线盒或其他一些设施安装件是否已安装和保护完善。如均无问题，即应在基体表面满刷水灰比为0.37～0.40的纯水泥浆一道。如基体表面光滑（模板采用胶合板或钢模板并涂刷脱模剂者，混凝土表面均比较光滑），应涂刷“界面处理剂”或凿毛或甩聚合物水泥砂浆（参考质量配合比为白乳胶∶水泥∶水＝1∶5∶1）形成一个一个小疙瘩等进行处理，以增加抹灰层与基体的黏结强度，防止抹灰层剥落、空鼓现象发生。

(2) 工艺流程

基层处理 → 弹水平基准线 → 润湿基层 → 刷水泥浆 → 抹底层砂浆 → 抹纸筋灰面层

(3) 操作方法

1) 基层处理

对采用钢模板施工的板底凿毛，并用钢丝刷满刷一遍，再浇水湿润。

2) 弹线

视设计要求及抹灰面积大小等情况，在墙柱面顶弹出抹灰层控制线。小面积普通抹灰顶棚一般用目测控制其抹灰面平整度及阴阳角顺直即可。大面积高级抹灰顶棚则应找规矩、找水平、做灰饼及冲筋等。

根据墙柱上弹出的标高基准墨线，用粉线在顶板下 100 mm 的四周墙面上弹出一条水平线，作为顶板抹灰的水平控制线。对于面积较大的楼盖顶或质量要求较高的顶棚，宜拉通线设置灰饼。

3) 抹底灰

抹灰前应对混凝土基体提前洒（喷）水润湿，抹时应一次用力抹灰到位，并初平，不宜翻来覆去扰动，否则会引起掉灰，待稍干后再用搓板刮尺等刮平，最后一遍需压光，阴阳角应用角模拉顺直。

在顶板混凝土湿润的情况下，先刷素水泥浆一道，随刷随打底，打底采用 1∶1∶6 水泥混合砂浆。对顶板凹度较大的部位，先大致找平并压实，待其干后，再抹大面底层灰，其厚度每遍不宜超过 8 mm。操作时需用力抹压。然后用压尺刮抹顺平，再用木磨板磨平，要求平整稍毛，不需光滑，但不得过于粗糙，不许有凹陷深痕。

抹面层灰时可在中层灰六七成干时进行，预制板抹灰时必须朝板缝方向垂直进行，抹水泥类灰浆后需注意洒（喷）水养

护（石灰类灰浆自然养护）。

4）抹罩面灰

待底灰约六七成干时，即可抹面层纸筋灰。如停歇时间长，底层过分干燥则应用水润湿。涂抹时先分两遍抹平、压实，其厚度不应大于 2 mm。

待面层稍干，“收身”时（即经过铁抹子压抹灰浆表层不会变为糊状时）要及时压光，不得有匙痕、气泡、接缝不平等现象。顶棚与墙边或梁边相关的阴角应成一条水平直线，梁端与墙面、梁边相交处应垂直。

4.2 灰板条吊顶抹灰

(1) 工艺流程

清理基层→弹水平线→抹底层灰→抹中层灰→抹面层灰

(2) 清理基层

将基层表面的浮灰等杂物清理干净。

(3) 弹水平线

在顶棚靠墙的四周墙面上，弹出水平线，作为抹灰厚度的标志。

(4) 抹底层灰

抹底灰时，应顺着板条方向，从顶棚墙角由前向后抹，用铁抹子刮上麻刀石灰浆或纸筋石灰浆，用力来回压抹，将底灰挤入板条缝隙中，使转角结合牢固，厚度 3～6 mm。

(5) 抹中层灰

①待底灰约七成干，用铁抹子轻敲有整体声时，即可抹中层灰。

②用铁抹子横着灰板条方向涂抹，然后用软刮尺横着板条方向找平。

(6) 抹面层灰

①待中层灰七成干后，用钢抹子顺着板条方向罩面，再用软刮尺找平，最后用钢板抹子压光。

②为了防止抹灰裂缝和起壳，所用石灰砂浆不宜掺水泥，抹灰层不宜过厚，总厚度应控制在 15 mm 以内。

③抹灰层在凝固前，要注意成品保护。如为屋架下吊顶的，不得有人进顶棚内走动；如为钢筋混凝土楼板下吊顶的，上层楼面禁止锤击或振动，不得渗水，以保证抹灰质量。

4.3 钢板网顶棚抹灰

(1) 工艺流程

基层处理 → 挂吊麻根束（一般抹灰可免） → 抹压第一遍灰 → 抹第二遍灰 → 抹罩面灰

(2) 挂吊麻根束（一般小型或普通装修的工程不需此工序）

对于大面积厅堂或高级装修的工程，由于其抹灰厚度增加，需在抹灰前在钢丝网上挂吊麻根束，做法是先将小束麻根按纵横间距 30～40 cm 绑在网眼下，两端纤维垂直向下，以便在打底的三遍砂浆抹灰过程中，梳理成放射状，分两遍均匀抹埋进底层砂浆内。

(3) 抹底层灰

首先将基体表面清扫干净并湿润，然后用 1∶1∶6 水泥麻根灰砂抹压第一遍，厚度约 3 mm，应将砂浆压入网眼内，形成转角，结合牢固。随即抹第二遍灰，厚度约为 5 mm（完成均匀抹埋第一次长麻根），待第二遍灰约六七成干时，再抹第三遍找平层灰（完成均匀抹埋第二次长麻根），厚度 3～5 mm,要求刮平压实。

(4) 抹中层灰

①抹中层灰用 1∶2 麻刀灰浆。

②在底层灰已经凝结而尚未完全收水时，拉线贴灰饼，按灰饼用木抹子抹平，其厚度为 4～6 mm。

(5) 抹面层灰

待找平层有六七成干时，用纸筋灰抹罩面层，厚度约

2 mm，用灰匙抹平压光。

①在中层灰干燥后，用沥浆灰或者细纸筋灰罩面，厚度为 2～3 mm，用钢板抹子溜光，平整洁净；也可用石膏罩面，在石膏浆中掺入石灰浆后，一般控制在 15～20 min 内凝固。

②涂抹时，分两遍连续操作，最后用钢板抹子溜光，各层总厚度控制在 2.0～2.5 cm。

③金属网吊顶顶棚抹灰，为了防止裂缝、起壳等缺陷的出现，在砂浆中不宜掺水泥。如果想掺水泥，掺量应经试验慎重确定。

5　细部结构抹灰施工技术

5.1　外墙勒脚抹灰

一般采用 1∶3 水泥砂浆抹底层、中层，用 1∶2 或 1∶2.5 水泥砂浆抹面层。设计无规定时，勒脚一般在底层窗台以下，厚度一般比大墙面厚 50～60 mm。

①首先根据墙面水平基线用墨线或粉线包弹出高度尺寸水平线，定出勒脚的高度，并根据墙面抹灰的大致厚度决定勒脚的厚度。凡阳角处，需用方尺规方，最好将阳角处弹上直角线。

②规矩找好后，将墙面刮刷干净，充分浇水湿润，按已弹好的水平线将八字靠尺粘嵌在上口，靠尺板表面正好是勒脚的抹灰面。抹完底层、中层灰后，再用木抹子搓平、扫毛、浇水养护。

③待底层、中层水泥砂浆凝结后，再进行面层抹灰，采用 1∶2 水泥砂浆抹面，先薄薄刮一层，抹第二遍时与八字靠尺一样平。拿掉八字靠尺板，用小阳角抹蘸上水泥浆捋光上口，随后用抹子将整个面层压光交活。

5.2 外窗台抹灰

1）抹灰形式

为了有利于排水，外窗台应做出坡度。抹灰的混水窗台往往用丁砖平砌一皮的砌法，平砌砖低于窗下槛一皮砖。一种窗台突出外墙 60 mm，两端伸入窗台间墙 60 mm，然后抹灰，如图 4-48（a）、（b）所示；另一种是不出砖檐，而是抹出坡檐，如图 4-48（c）所示。

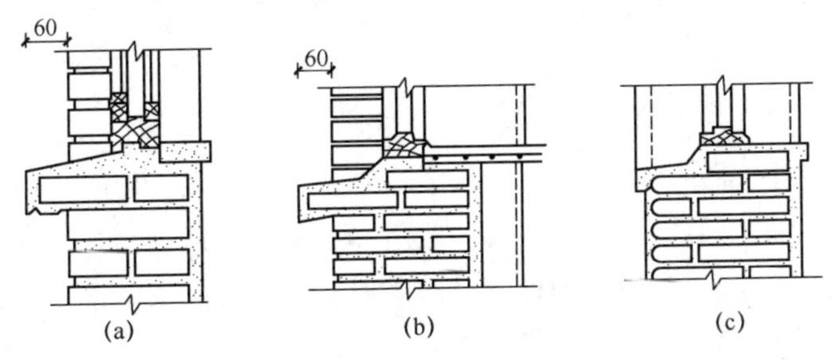

图 4-48 外窗台抹灰

（a）、（b）突出窗台抹法（c）坡檐抹法

2）找规矩

抹灰前，要先检查窗台的平整度，以及与左右上下相邻窗台的关系，即高度与进出是否一致；窗台与窗框下槛的距离是否满足要求（一般为 40～50 mm），发现问题要及时调整或在抹灰时进行修正。再将基体表面清理干净，洒水湿润，并用水泥砂浆将台下槛的间隙填满嵌实。抹灰时，应将砂浆嵌入窗下槛的凹槽内，特别是窗框的两个下角处，处理不好容易造成窗台渗水。

3）施工要点

外窗台一般采用 1∶2.5 水泥砂浆做底层灰，1∶2 水泥砂浆罩面。窗台抹灰操作难度大，因为一个窗台有五个面，八个角，一条凹档，一条滴水线或滴水槽，其抹灰质量要求表面平整光洁，棱角清晰，与相邻窗台的高度一致。横竖都要成一条

线，排水流畅，不渗水，不湿墙。

窗台抹灰时，应先打底灰，厚度为 10 mm，其顺序：先立面，后平面，再底面，最后侧面，抹时先用钢筋夹头将八字靠尺卡住。上灰后用木抹子搓平，虽是底层，但也要求棱角清晰，为罩面创造条件。第二天再罩面，罩面用 1∶2 水泥砂浆，厚度为 5～8 mm，根据砂浆的干湿稠度，可连续抹几个窗台，再搓平压光。

后用阳角抹子捋光，在窗下槛处用圆阴角捋光，以免下雨时向室内渗水。

5.3　滴水槽、滴水线

外窗台抹灰在底面一般都做滴水槽或滴水线，以阻止雨水沿窗台往墙面上淌。滴水线一般适用于镶贴饰面和不抹灰或不满抹灰的预制混凝土构件等；滴水槽适用于有抹灰的部位，如窗楣、窗台、阳台、雨篷等下面。

1）滴水槽的做法

在底面距边口 20 mm 处粘分格条，分格条的深度和宽度即为滴水槽的深度和宽度，均不小于 10 mm，并要求整齐一致，抹完灰取掉即可；也可以用分格器将这部分砂浆挖掉，用抹子修正，窗台的平面应向外呈流水坡度。

2）滴水线的做法

将窗台下边口的抹灰直角改为锐角，并将角部位下伸约 10 mm，形成滴水。

5.4　门窗套口

门窗套口在建筑物的立面上起装饰作用，有两种形式：一种是在门窗口的一周用砖挑砌 6 cm 的线型；另一种不挑砖檐，抹灰时用水泥砂浆分层在窗口两侧及窗楣处往大墙面抹出 40～60 mm宽的灰层，突出墙面 5～10 mm，形成套口。

①门窗套口抹灰施工前，要拉通线，把同层的套口做到与

挑出墙面一致，在一个水平线上，套口上脸和窗台的底部做好滴水，出檐上脸顶与窗台上小面抹泛水坡。出檐的门窗套口一般先抹两侧的立膀，再抹上脸，最后抹下窗台。涂抹时正面打灰反粘八字靠尺，先抹完侧面或底面，而后平移靠尺把另一侧或上面抹好，然后在已抹完的两个面上正卡八字尺，将套口正立面抹光。

②不出檐的套口，首先在阳角正面上反粘八字靠尺把侧面抹好，上脸先把底面抹上，窗台把台面抹好，翻尺正贴里侧，把正面套口一周的灰层抹成。灰层的外棱角用先粘靠尺或先抹后切割法来完成套口抹灰。

5.5 檐口抹灰

①檐口抹灰通常采用水泥砂浆，又由于檐口结构一般是钢筋混凝土板并突出墙面，又多是通长布置的，施工时通过拉通线用眼穿的方法，决定其抹灰的厚度。发现檐口结构本身里进外出，应首先进行剔凿、填补修整，以保证抹灰层的平整顺直，然后对基层进行处理。清扫、冲洗板底粘有的砂、土、污垢、油渍，则采用钢丝刷子认真清刷，使之露出洁净的基体，加强检查后，视基层的干湿程度浇水湿润。

②檐口边沿抹灰与外窗台相似，上面设流水坡，外高里低，将水排入檐沟，檐下（小顶棚的外口处）粘贴米厘条作滴水槽，槽宽、槽深不小于 10 mm。抹外口时，施工工序为先粘尺作檐口的立面，再去做平面，最后做檐底小顶棚。这个做法的优点是不显接槎。檐底小顶棚操作方法同室内抹顶棚。檐口粘靠尺、粘米厘条，如图 4-49 所示，檐口上部平面粘尺示意，如图 4-50 所示。

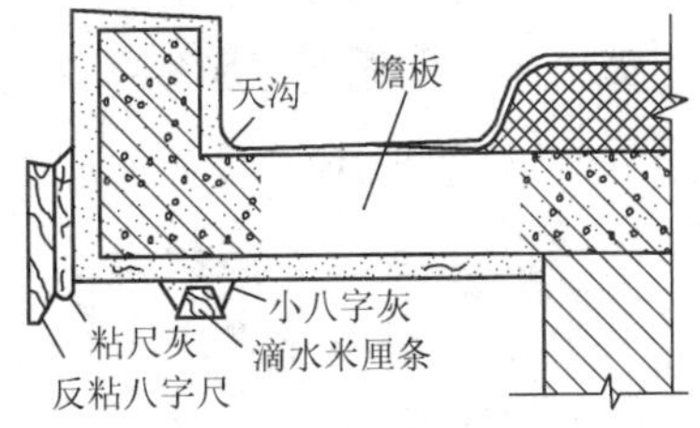

图 4-49 檐口粘靠尺、粘米厘条示意

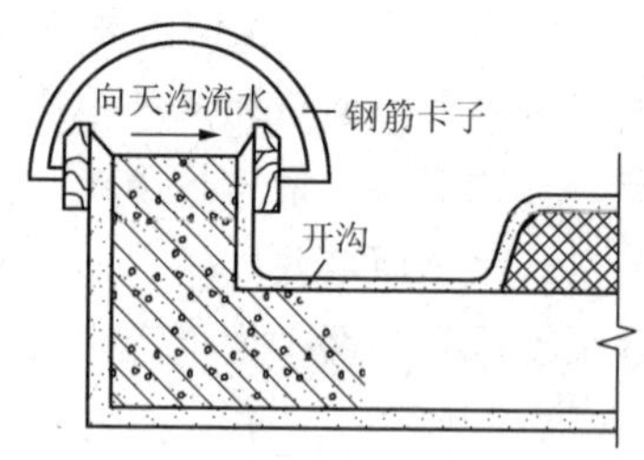

图 4-50 檐口上部平面粘尺示意

5.6 腰线抹灰

腰线是沿房屋外墙的水平方向，经砌筑突出墙面的线型，用以增加建筑物的美观。构造上有单层、双层、多层檐，腰线与窗楣、窗台连通为一线，成为上脸腰线或窗台腰线。

①抹灰前对基层进行清扫，洒水湿润，基底不平者用1∶2水泥砂浆分层修补，凹凸处进行剔平。腰线抹灰用1∶3水泥砂浆打底，1∶2.5水泥砂浆罩面。施工时应拉通线，成活要求表面平整，棱角清晰、挺括。涂抹时先在正立面打灰反粘八字尺把下底抹成，而后上推靠尺把上顶面抹好，将上、下两个面正贴八字尺，用钢筋卡将其卡牢，拉线再进行调整。

②调直后将正立面抹完，经修理压光，拆掉靠尺，修理棱角，通压一遍交活。腰线上小面做成里高外低泛水坡。腰线下小面在底子灰上粘米厘条做成滴水槽，多道砖檐的腰线抹灰要从上向下逐道进行，一般抹每道檐时，都在正立面打灰粘尺，把小面做好后，小面上面贴八字尺把腰线正立面抹完，整修棱角、面层压光均同单层腰线抹灰的方法。

5.7 雨篷抹灰

雨篷也是突出墙面的预制或现浇的钢筋混凝土板，如图4-51所示。在一幢建筑物上，往往相邻有若干个雨篷，抹灰以前要拉通线作灰饼，使每个雨篷都在一条直线上，对每个雨篷本身也应找方、找规矩。

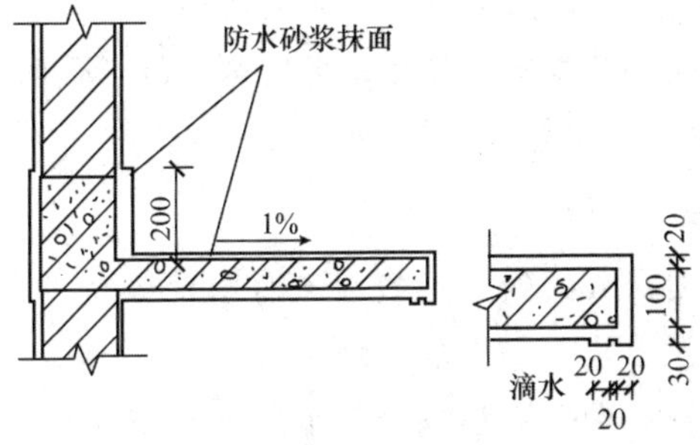

图 4-51 雨篷的构造

①在抹灰前首先将基层清理干净，凹凸处用錾子剔平或用水泥砂浆抹平，有油渍之处用掺有 10% 火碱的水清洗后，用清水刷净。

②在雨篷的正立面和底面，用掺 15% 乳胶的水泥乳胶浆刮 1 mm 厚的结合层，随后用 1∶2.5 细砂浆刮抹 2 mm 铁板糙；隔天用 1∶3 水泥砂浆打底。底面（雨篷小顶棚）打底前，要首先把顶面的小地面抹好，即洒水刮素浆，设标志点主要因为要有泛水坡，一般为 2%，距排水口 50 cm，周围坡度为 5%。大雨篷要设标筋，依标筋铺灰、刮平、搓实、压光。要在雨篷上面的墙根处抹 20～50 cm 的勒脚，防水侵蚀墙体。

③正式打底灰时在正立面下部近阳角处打灰反粘八字尺，在侧立面下部近阳角处亦同样打灰粘尺，这三个面粘尺的下尺棱边在一个平面上，不能扭翘。然后把底面用 1∶3 水泥砂浆抹上，抹时从立面的尺边和靠墙一面门口阴角开始，抹出四角的条筋来，再去抹中间的大面灰。抹完用软尺刮平，木抹子搓平，取下靠尺，从立面的上部和里边的小立面上用卡子反卡八字尺，用抹檐口的方法把上顶小面抹完（外高里低，形成泛水坡）。

④第二天养护，隔天罩面抹灰。罩面前先弹线、粘米厘条，再用粘尺把底檐和上顶小面抹好。然后在上、下面卡八字

尺把立面抹好，罩面灰修理、压光后，将米厘条起出并立即进行勾缝，阴角部分做成圆弧形。最后将雨篷底以纸筋灰分两遍罩面压光。

5.8 阳台抹灰

阳台需要抹灰的构造一般大致有阳台地面、底面、挑梁、牛腿、台口梁、扶手、栏板、栏杆等。

阳台抹灰要求一幢建筑物上下成垂直线，左右成水平线，进出一致，细部划一，颜色一致。

阳台抹灰找规矩由最上层阳台突出阳角及靠墙阴角往下挂垂线，找出上下各层阳台进出误差及左右垂直误差，以大多数阳台进出及左右边线为依据，误差小的，可以上下左右顺一下，误差太大的，要进行必要的结构修整。

对于各相邻阳台要拉水平通线，进出较大也要进行修整。根据找好的规矩，大致确定各部位的抹灰厚度，再逐层逐个找好规矩，做抹灰标志块。最上一层两头最外边的两个抹好后，下面的都以这两个挂线为准做标志块。

阳台抹灰时要注意排水坡度方向应顺向阳台两侧的排水孔，不能“倒流水”。另外阳台地面与砖墙交接处的阴角用阴角抹子压实，再抹成圆弧形，以利排水，防止使下层住户室内墙壁潮湿。

阳台底面抹灰做法与雨篷底面抹灰大致相同。

阳台的扶手抹法基本与压顶一样，但一定要压光，达到光滑平整。栏板内外抹灰基本与外墙抹灰相同。阳台挑梁和阳台梁，也要按规矩抹灰，要求高低进出整齐一致，棱角清晰。

5.9 台阶及坡道抹灰

（1）台阶抹灰

台阶抹灰与楼梯踏步抹灰基本相同，但放线找规矩时，要使踏步（踏步板）面向外坡 1%；台阶平台也要向外坡 1%～

1.5%，以利排水。常用的砖砌台阶，一般踏步顶层砖侧砌，为了增加抹面砂浆与砖砌体的黏结程度，砖顶层侧砌时，上面和侧面的砂浆灰缝应留出 10 mm，以使抹面砂浆嵌结牢固，如图 4-52 所示。

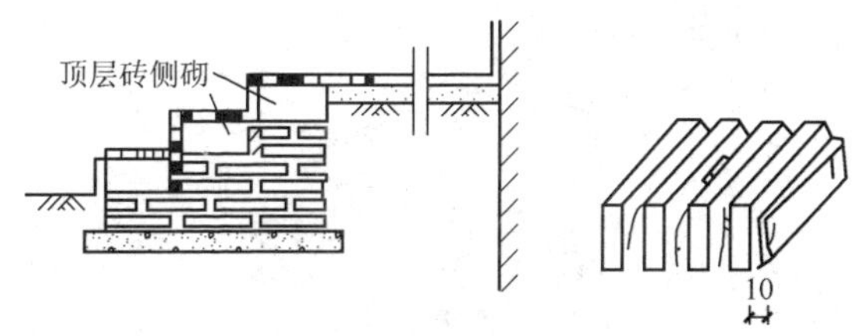

图 4-52 砖踏步抹灰

(2) 坡道抹灰

为连接室内外高差设斜坡形的坡道，坡道形式一般有以下三种。

1）光面坡道

由两种材料（水泥砂浆、混凝土）组成，构造一般为素土夯实（150 mm 厚的 3∶7 灰土）混凝土垫层。如果设计有行车要求，要有 100～120 mm 厚的混凝土垫层，水泥砂浆面层要求在浇混凝土时麻面交活，后洒水扫浆，面层砂浆为 1∶2 水泥砂浆抹面压光，交活前用刷子横向扫一遍。如采用混凝土坡道，可用 C15 混凝土随打随抹面的施工方法。

2）防滑条（槽）坡道

为防坡道过滑，在水泥砂浆光面的基础上，抹面层时纵向间隔 150～200 mm 镶一根短于横向尺寸每边 100～150 mm 的米厘条。面层抹完适时取出，槽内抹 1∶3 水泥金刚砂浆，用护角抹子捋出高于面层 10 mm 的凸灰条，初凝以前用刷子蘸水刷出金刚砂条，即防滑坡道。防滑槽坡道的施工方法同防滑条坡道，起出米厘条养护即可，不填补水泥金刚砂浆。

3）礓礤坡道

礓礤坡道一般要求坡度小于 1∶4。操作时，在斜面上按坡度

做标筋，然后把厚 7 mm，宽 40～70mm 四面刨光的靠尺板放在斜面最高处，按每步宽度铺抹 1∶2 水泥砂浆面层，其高端和靠尺板上口相平，低端与冲筋面相平，形成斜面，如图 4-53 所示。

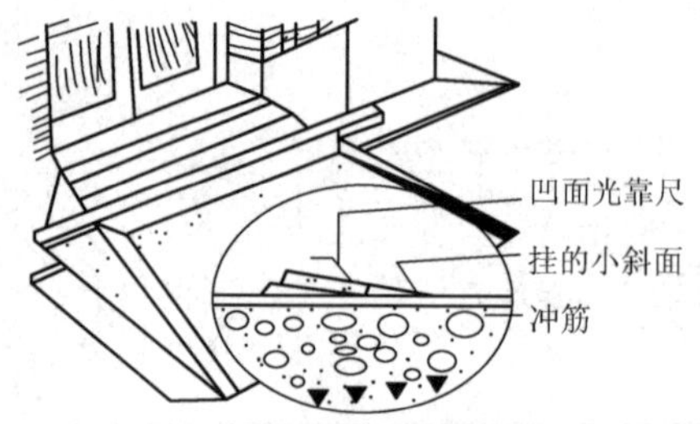

图 4-53　礓礤坡道施工

每步铺抹水泥砂浆后，先用木抹搓平，然后撒 1∶1 干水泥砂，待吸水后刮掉，再用钢皮抹子压光，并起下靠尺板，逐步由上往下施工。

6　建筑石材装饰抹灰施工技术

6.1　水刷石施工抹灰

(1) 材料要求

①水泥。采用 32.5 级及以上的矿渣或普通硅酸盐水泥，以及白水泥和彩色水泥，所用水泥应是同一厂家，同一批号，一次进足用量。

②中砂。使用前应过 5 mm 孔径筛，含泥量小于 3%。

③石米。颗粒坚实、洁净，1 号石（大八厘）粒径为 8 mm，2 号石（中八厘）为 6 mm，3 号石（小八厘）为4 mm，同品种石米要颜色一致，不含草屑、泥砂，最好是同一批出厂产品。

④福粉（石粉）。干净、干燥。

⑤颜料。耐碱性和耐光性好的矿物质颜料。

(2) 作业条件

①结构工程经过验收，符合规范要求。

②外脚手架牢固，平桥板已铺好。

③墙上预留洞及预埋件等已处理完毕。门窗框已安装固定好，并用水泥混合砂浆将缝隙堵塞严密。

④墙面杂物清理干净，混凝土凸起较大处要酌情打凿修平，疏松部分要剔除并用1∶3水泥砂浆分层补平。

⑤木分格条在使用前用水浸透。

⑥水刷石应先做样板，确定配合比和施工工艺，统一按配合比配料并派专人把关。

(3) 工艺流程

基层处理 → 吊直、套方、做灰饼及冲筋 → 做护角 → 抹底层和中层砂浆 → 弹线、粘贴分格条 → 抹面层石子浆 → 修整洗刷 → 启条勾缝

(4) 混凝土外墙基层水刷石施工

1) 基层处理

将混凝土表面凿毛，板面酥皮剔净，用钢丝刷将粉尘刷掉，清水冲洗干净，浇水湿润；用10%火碱水将混凝土表面的油污及污垢刷净，并用清水冲洗晾干，喷或甩1∶1掺水量20%的108胶水泥细砂浆一道。终凝后浇水养护，直至砂浆及混凝土板粘牢（用手掰砂浆不脱落），方可进行打底；或采用YJ302混凝土界面处理剂对基层进行处理，其操作方法有两种：第一种，在清洗干净的混凝土基体上，涂刷“处理剂”一道，随即抹水泥砂浆，要求抹灰时处理剂不能干；第二种，刷完处理剂后撒一层粒径为2～3 mm的砂子，以增加混凝土表面的粗糙度，待其干硬后再进行打底。

2) 吊垂直、套方、做灰饼

外墙面抹灰前要注意找出规矩，要在各大角先挂好后自上而下垂直通线（高层建筑应用钢丝或在大角及门窗口边用经纬仪打垂线），然后在各大角两侧分层打标准灰饼，再接水平通

线后对墙面其余部位做灰饼。对于门窗洞口、阳台、腰线等部位也应注意进行吊垂直，拉水平线做灰饼，使墙面部位做到横平竖直。

3）冲筋、抹底（中层）灰

与内墙一般抹灰相同，但应注意因面层是含粗集料的灰浆，故应做成平整但较粗糙的表面，并应划毛。

4）贴分格条

贴分格条时要注意按照设计要求或窗台（楣）、饰线等具体情况分格。分格条横竖线要布置恰当，应分别与门窗立边和上下边缘平齐，并不得有掉棱、缺角、扭曲等现象。镶贴时要先在中层砂浆上弹出分格墨线，然后用素水泥浆按照墨线粘贴分格条。分格条粘贴后要求达到横平竖直、交接通顺，如图4-54 所示。

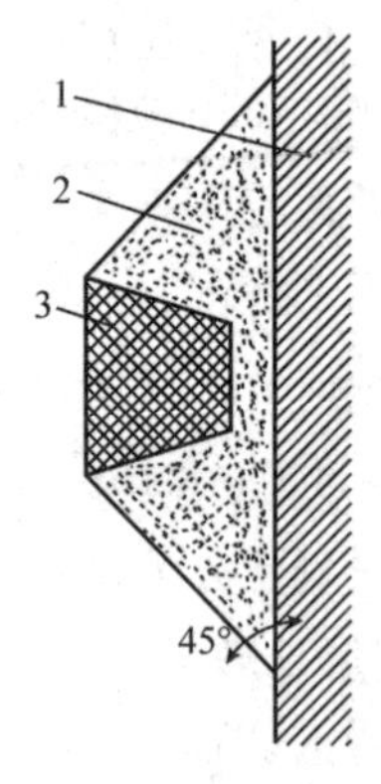

图 4-54 贴分格条

1—基层墙体；2—素水泥浆；3—分格条

5）抹面层石子浆

抹面层前，先将底层洒水湿润，然后扫纯泥浆一遍，接着抹上 1∶0.3∶(1～1.5) 水泥白石子浆，厚度约为 10 mm。每一块分格内从上而下抹实与分格条持平，抹完一块检查其平整度，不平处及时修补后压实抹平，并把露出的石米尖棱轻轻拍打进去。同一方格的面层要求一次抹完，不宜留施工缝。需要留施工缝时，应留在分隔缝的位置上。

6）修整、洗刷

待水分稍干，墙面无水时，先用铁抹子对已抹好的石米灰浆表面抹平揉压，使石料分布均匀，并使小孔洞压密、挤实。

然后用横扫蘸水将压出的水泥浆刷去，再用铁抹子压实抹平一遍，如此反复进行几次，使石米大面朝外，达到石粒均匀、密实。等面层开始初凝（约六七成干，用手指压上去没有指痕，用刷子刷不掉石粒时），用水杯装水，由上往下轻轻浇水冲洗，将表面及石料之间的水泥浆冲掉，使石米露出表面 1/3～1/2，清晰可见。冲刷时做好排水工作，可分段抹上阻水的水泥浆挡水，并在水泥浆上粘贴油毡让水外排，使水不直接顺着下部墙体底层砂浆面往下淌。待墙面干燥后，从各分格条的端头开始，小心起出分格条，并及时用素水泥浆勾缝。

7）施工程序

门窗碹脸、窗台、阳台、雨罩等部位刷石应先做小面，后做大面，以保证大面的清洁美观。刷石阳角部位，喷头应从外往里喷洗，最后用小水壶浇水冲净。檐口、窗台碹脸、阳台、雨罩等底面应做滴水槽，上宽 7 mm，下宽 10 mm，深 10 mm，距外皮不少于 30 mm。大面积墙面刷石如果一天完不成，第二天继续施工冲刷新活前，应将头天做的刷石用水淋透，以备喷刷时沾上水泥浆后便于清洗，防止污染墙面。岔子应留在分隔缝上。

(5) 基层为砖墙水刷石施工

1）基层处理

抹灰前将基层上的尘土、污垢清扫干净，堵脚手眼，浇水湿润。

2）吊垂直、套方、找规矩

从顶层开始用特制线坠，绷钢丝吊直，然后分层抹灰饼，在阴阳角、窗口两侧、柱、垛等处均应吊线找直，绷钢丝，抹好灰饼并冲筋。

3）抹底层砂浆

常温时采用 1∶0.5∶4 混合砂浆或 1∶0.3∶0.2∶4 粉煤

灰混合砂浆打底，抹灰时以冲筋为准控制抹灰的厚度，应分层分遍装档，直至与筋抹平。要求抹头遍灰时用力抹，将砂浆挤入灰缝中使其黏结牢固，表面找平搓毛，终凝后浇水养护。

4）弹线、分格、粘分格条、滴水条

按图样尺寸弹线分格、粘分格条，分格条要横平竖直交圈，滴水条应按规范和图样要求部位粘贴，并应顺直。

5）抹水泥石碴浆

先刮一道掺水量10%的108胶水泥素浆，随即抹1∶0.5∶3水泥石碴浆，抹时应由下至上一次抹到分格条的厚度，并用靠尺随抹随找平，凸凹处及时处理，找平后压实、压平、拍平至石碴大面朝上为止。

6）修整、喷刷

将已抹好的石碴面层拍平、压实，将其内水泥浆挤出，用水刷蘸水将水泥浆刷去，重新压实溜光，反复进行3～4遍，待面层开始初凝，指捺无痕，以刷子刷不掉石碴为度，一人用刷子蘸水刷去水泥浆，一人紧跟着用水压泵喷头由上往下顺序喷水刷洗，喷头一般距墙10～20 cm，把表面水泥浆冲洗干净露出石碴，最后用小水壶浇水将石碴冲净，待墙面水分控干后，起出分格条，并及时用水泥膏勾缝。

7）操作程序

门窗碹脸、窗台、阳台、雨罩等部位刷石先做小面，后做大面，以保证墙面清洁美观。刷石阳角部位喷头应由外往里冲洗，最后用小水壶浇水冲净。檐口、窗台、碹脸、阳台、雨罩底面应做滴水槽，上宽7 mm，下宽10 mm，深10 mm，距外皮不少于30 mm。大面积墙面刷石一天完不成，如需继续施工时，冲刷新活前应将头天做的刷石用水淋湿，以备喷刷时沾上水泥浆后便于清洗，防止污染墙面。

(6) 施工注意事项

①装饰抹灰面层的厚度、颜色、图案应符合设计要求。

②装饰抹灰面层应做在已硬化、粗糙平整的中层砂浆面上，涂抹前应洒水湿润。

③装饰面层有分格要求时，分格条应宽窄厚薄一致，黏结在中层砂浆面上。分格条应横平竖直、交接严密，完工后适时全部取出并勾缝。

④装饰抹灰面层的施工缝，应留在分隔缝、墙面阴角，水落管背后或独立装饰组成部分的边缘处。

⑤水刷石、水磨石的石子粒径、颜色等由设计规定，施工前应先做样板，其配料分量、材料规格应由专人负责管理和调配，不得混乱和错用，以使产品的形状和色泽均匀一致。

(7) 冬雨期施工

①冬期施工时为防止灰层受冻，砂浆内不宜掺石灰膏，为保证砂浆的和易性，可采用同体积的粉煤灰代替。比如打底灰配合比可采用1∶0.5∶4（水泥∶粉煤灰∶砂）或1∶3水泥砂浆；水泥石碴浆配合比可采用1∶0.5∶3（水泥∶粉煤灰∶石碴）或改为使用1∶2水泥石碴浆。

②抹灰砂浆应使用热水拌和，并采取保温措施，涂抹时砂浆温度不宜低于+5 ℃。

③抹灰层硬化初期不得受冻。

④进入冬期施工，砂浆中应掺入能降低冰点的外加剂，加氯化钙或氯化钠，应按早七点半大气温度高低来调整砂浆内外加剂的掺量。

⑤用冻结法砌筑的墙，室外应待其完全解冻后再抹灰，不得用热水冲刷冻结的墙面或用热水消除墙面的冰霜。

⑥严冬阶段不得施工。

⑦雨期施工时注意采取防雨措施，刚完成的刷石墙面如遇

暴雨冲刷时，应注意遮挡，防止损坏。

6.2 水磨石施工抹灰

水磨石面层所用的石粒应采用质地密、实磨面光亮，但硬度不太高的大理石、白云石、方解石加工而成，硬度过高的石英岩、长石、刚玉等不宜采用，石粒粒径规格习惯上用大八厘、中八厘、小八厘，米粒石来表示。

颜料对水磨石面层的装饰效果有很大影响，应采用耐光、耐碱和着色力强的矿物颜料，颜料的掺入量对面层的强度影响也很大，面层中颜料的掺入量宜为水泥质量的3%～6%。同时不得使用酸性颜料，因其与水泥中的水化产物$Ca(OH)_2$起作用，使面层易产生变色、褪色现象。常用的矿物颜料有氧化铁红（红色）、氧化铁黄（黄色）、氧化铁绿（绿色）、氧化铁棕（棕色）、群青（蓝色）等。

现浇水磨石施工时，在1∶3水泥砂浆底层上洒水湿润，刮水泥浆一层（厚1～1.5 mm）作为黏结层，找平后按设计要求布置并固定分格嵌条（铜条、铝条、玻璃条），随后将不同色彩的水泥石子浆［水泥∶石子＝1∶(1～1.25)］填入分格中，厚为8 mm（比嵌条高出1～2 mm），抹平压实，如图4-55所示。待罩面灰有一定强度（1～2 d）后，用磨石机浇水开磨至光滑发亮为止。

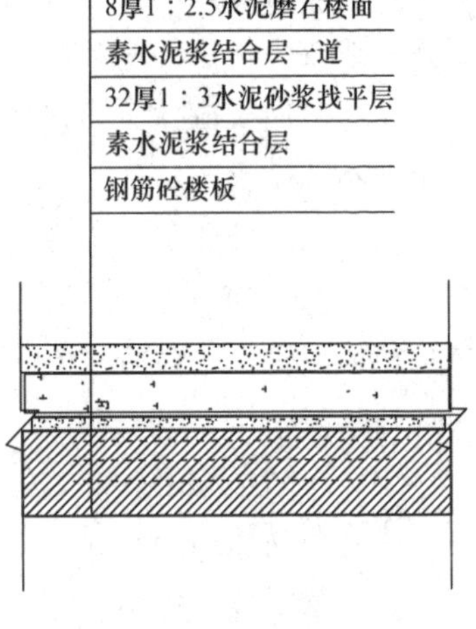

图4-55 水磨石施工

每次磨光后，用同色水泥浆填补砂眼，视环境温度不同每隔一定时间再磨第二遍、第三遍，要求磨光遍数不少于三遍，补浆两次，此即所谓“二浆三磨”法。

最后，有的工程还要求用草酸擦洗和进行打蜡。

6.3 斩假石施工抹灰

(1) 专用工具

①斩假石采用斩斧。

②拉假石采用自制抓耙，抓耙齿片用废锯条制作。

(2) 所用材料

①石米。70%粒径 2 mm 的白色石米和 30%粒径 0.15～1.5 mm 的白云石屑。

②面层砂浆配比。水泥石子浆：水泥：石米=1：(1.25～1.50)。

(3) 工艺流程

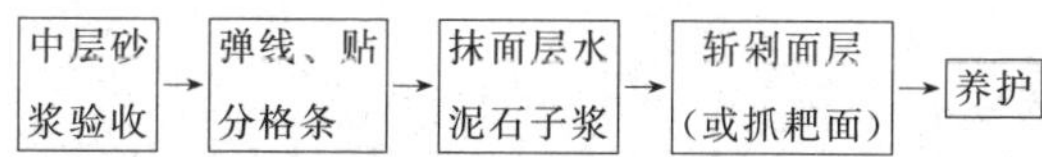

(4) 操作要点

1) 基层处理

首先将凸出墙面的混凝土或砖剔平，对大钢模施工的混凝土墙面凿毛，并用钢丝刷满刷一遍，再浇水湿润。如果基层混凝土表面很光滑，亦可采取如下的“毛化处理”方法，即先将表面尘土、污垢清扫干净，用 10%的火碱水将板面的油污刷掉，随即用净水将碱液冲净、晾干。然后用 1：1 水泥细砂浆内掺水量 20%的 108 胶，喷或用笤帚拌砂浆甩到墙上，其甩点要均匀，终凝后浇水养护，直至水泥砂浆疙瘩全部粘到混凝土光面上，并有较高的强度（用手掰不动）为止。

2) 吊垂直、套方、找规矩、贴灰饼

根据设计图样的要求，把设计需要做斩假石的墙面、柱面中心线和四周大角及门窗口角，用线坠吊垂直线，贴灰饼找直。横线则以楼层为水平基线或+50 cm 标高线交圈控制。每层打底时则以此灰饼作为基准点进行冲筋、套方、找规矩、贴

灰饼，以便控制底层灰，做到横平竖直。同时要注意找好突出檐口、腰线、窗台、雨篷及台阶等饰面的流水坡度。

3）抹底层砂浆

结构面提前浇水湿润，先刷一道掺水量10%的108胶的水泥素浆，紧跟着按事先冲好的筋分层分遍抹1∶3水泥砂浆，第一遍厚度宜为5 mm，抹后用笤帚扫毛；待第一遍六七成干时，即可抹第二遍，厚度6～8 mm，并与筋抹平，用抹子压实，刮杠找平、搓毛。墙面阴阳角要垂直方正。终凝后浇水养护。台阶底层要根据踏步的宽和高垫好靠尺抹水泥砂浆，抹平压实，每步的宽和高要符合图样的要求。台阶面向外放坡1%。

4）抹面层石碴

根据设计图样的要求在底子灰上弹好分格线，当设计无要求时，也要适当分格。首先将墙、柱、台阶等底子灰浇水湿润，然后用素水泥膏把分格米厘条贴好。待分格条有一定强度后，便可抹面层石碴，先抹一层素水泥浆，随即抹面层，面层用1∶1.25（体积比）水泥石碴浆，厚度为10 mm左右。然后用铁抹子横竖反复压几遍直至赶平压实，边角无空隙。随即用软毛刷蘸水把表面水泥浆刷掉，使露出的石碴均匀一致。面层抹完后约隔24 h浇水养护。

5）剁石

抹好后，常温（15～30 ℃）隔2～3 d可开始试剁，在气温较低时（5～15 ℃）抹好后隔4～5 d可开始试剁，如经试剁石子不脱落便可正式剁。为了保证棱角完整无缺，使斩假石有真石感，在墙角、柱子等边棱处，宜横剁出边条或留出15～20 mm的边条不剁。

为保证剁纹垂直和平行，可在分格内画垂直控制线，或在台阶上画平行垂直线，控制剁纹，保持与边线平行。

剁石时用力要一致，垂直于大面，顺着一个方向剁，以保持剁纹均匀。一般剁石的深度以石碴剁掉 1/3 比较适宜，使剁成的假石成品美观大方。

(5) 应注意的质量问题

1）空鼓裂缝

基层表面偏差较大，基层处理或施工不当，如每层抹灰跟得太紧，又没有洒水养护，各层之间的黏结强度很差，面层和基层就容易产生空鼓裂缝。因此，必须严格按工艺标准操作，重视基层处理和养护工作。

2）剁纹不匀

主要是由没掌握好开剁时间、剁纹不规矩、操作时用力不一致和斧刃不快等造成。应加强技术培训、辅导和抓样板，以样板指导操作和施工。

3）剁石面有坑

大面积剁前未试剁，面层强度低所致。

6.4 干粘石施工抹灰

(1) 材料

①水泥。32.5 级及其以上的矿渣水泥或普通硅酸盐水泥，颜色一致，宜采用同一批、同炉号的水泥，且有产品出厂合格证。

②砂。中砂，使用前应过 5 mm 孔径的筛子，或根据需要过纱绷筛，筛好备用。

③石碴。颗粒坚硬，不含黏土、软片、碱质及其他有机物等有害物质。其规格的选配应符合设计要求，中八厘粒径为 6 mm，小八厘粒径为 4 mm，使用前应过筛，使其粒径大小均匀，符合上述要求。筛后用清水洗净晾干，按颜色分类堆放，上面用帆布盖好。

④石灰膏。使用前一个月将生石灰焖透，过 3 mm 孔径的筛子，冲淋成石灰膏，用时石灰膏内不得含有未熟化的颗粒和杂质。

⑤磨细生石灰粉。使用前一周用水将其焖透，不应含有未熟化颗粒。

⑥粉煤灰、108 胶或经过鉴定的胶粘剂等，应有产品出厂合格证及使用说明。

(2) 主要机具

砂浆搅拌机、铁抹子、木抹子、塑料抹子、大杠、小杠、米厘条、小木拍子、小筛子（30 cm×50 cm，数个）、小塑料滚子、小压子、靠尺板、接石碴筛（30 cm×80 cm）等。

(3) 作业条件

①外架子提前支搭好，最好选用双排外脚手架或桥式架子，若采用双排外架子，最少应保证操作面处有两步架的脚手板，其横竖杆及拉杆、支杆等应离开门窗口角 200～250 mm，架子的步高应满足施工需要。

②预留设备孔洞应按图样上的尺寸留好，预埋件等应提前安装并固定好，门窗口框安装好并与墙体固定，将缝隙填嵌密实，铝合金门窗框边提前做好防腐及表面粘好保护膜。

③将墙面基层清理干净，脚手眼堵好，混凝土过梁、圈梁、组合柱等的表面清理干净，突出墙面的混凝土剔平，凹进去部分浇水洇透后，用掺水量 10%的 108 胶的 1∶3 水泥砂浆分层补平，每层补抹厚度不应大于 7 mm，且每遍抹后不应跟得太紧。加气混凝土板凹槽处修补应用掺水量 10%的 108 胶的 1∶1∶6混合砂浆分层补平，板缝亦应同时勾平、勾严。预制混凝土外墙板防水接缝已处理完毕，经淋水试验，无渗漏现象。

④确定施工工艺，向操作者进行技术交底。

⑤大面积施工前先做样板墙，经有关人员验收后，方可按

样板要求组织施工。

(4) 工艺流程

检查外架子 → 基层处理 → 吊垂直、找规矩 → 抹灰饼、冲筋 → 打底 → 弹线分格 → 粘条 → 抹粘石砂浆 → 粘石 → 拍平、修整 → 起条、勾缝 → 养护

(5) 基层为混凝土外墙板的施工

1）基层处理

对用钢模施工的混凝土光板应进行剔毛处理，板面上有酥皮的应将酥皮剔去，或用浓度为10%的火碱水将板面的油污刷掉，随之用净水将碱液冲洗干净，晾干后将1：1水泥细砂浆（其内的砂子应过纱绷筛）用掺水量20%的108胶水搅拌均匀，用空压机及喷斗将砂浆喷到墙上，或用笤帚将砂浆甩到墙上，要求喷、甩均匀，终凝后浇水常温养护3～5 d，直至水泥砂浆疙瘩全部固化到混凝土光板上，用手掰不动为止。

2）吊垂直、套方、找规矩

若建筑物为高层，在大角及门窗口两边，用经纬仪打直线找垂直。若为多层建筑，可从顶层开始用大线坠吊垂直，绷钢丝找规矩，然后分层抹灰饼。横线则以楼层标高为水平基准交圈控制，每层打底时则以此灰饼做基准冲筋，使其打底灰做到横平竖直。

3）抹底层砂浆

抹前刷一道掺水量10%的108胶的水泥素浆，紧跟着分层分遍抹数层砂浆，常温时水泥：白灰膏：砂可采用1：0.5：4，冬期施工时应用1：3水泥砂浆打底，抹至与冲筋相平时，用大杠刮平，木抹子搓毛，终凝后浇水养护。

4）弹线、分格、粘分格条、滴水线

按图样要求的尺寸弹线、分格，并按要求宽度设置分格条，分格条表面应做到横平竖直、平整一致，并按部位要求粘设滴水槽，其宽、深应符合设计要求。

5）抹粘石砂浆、粘石

粘石砂浆主要有两种，一种是素水泥浆内掺水质量20%的108胶配制而成的聚合物水泥浆；另一种是聚合物水泥砂浆，其配合比为水泥∶石灰膏∶砂∶108胶＝1∶1.2∶2.5∶0.2。其抹灰层厚度，根据石碴的粒径选择，一般抹粘石砂浆应低于分格条1～2 mm。粘石砂浆表面应抹平，然后粘石。采用甩石子粘石，其方法是一手拿底钉窗纱的小筛子，筛内装石碴，另一手拿小木拍，铲上石碴后在小木拍上晃一下，使石碴均匀地撒布在小木拍上，再往粘石砂浆上甩，要求一拍接一拍地甩，要将石碴甩严、甩匀，甩时应用小筛子接住掉下来的石碴，粘石后及时用干净的抹子轻轻地将石碴压入灰层之中，要求将石碴粒径的2/3压入灰中，外露1/3，并以不露浆且黏结牢固为原则。待其水分稍蒸发后，用抹子垂直从下往上溜一遍，以消除拍石时的抹痕。

对大面积粘石墙面，可采用机械喷石法施工，喷石后应及时用橡胶滚子滚压，将石碴压入灰层2/3，使其黏结牢固。

6）施工程序

门窗碹脸、阳台、雨罩等应按要求设置滴水槽，其宽度、深度应符合设计要求。粘石时应先粘小面，后粘大面，大面、小面交角处抹粘石灰时应采用八字靠尺，起尺后及时用筛底小米粒石修补黑边，使其石粒黏结密实。

7）修整、处理黑边

粘完石后应及时检查有无没粘上或石粒粘得不密实的地方，发现后用水刷蘸水甩在其上，并及时补粘石粒，使其石碴黏结密实、均匀，发现灰层有坠裂现象，也应在灰层终凝以前甩水将裂缝压实。如阳角出现黑边，应待起尺后及时补粘米粒石并拍实。

8）起条、勾缝

粘完石后应及时用抹子将石碴压入灰层 2/3，并用铁抹子轻轻地往上溜一遍以减少抹痕。随后即可起出分格条、滴水槽，起条后应用抹子将灰层轻轻地按一下，防止在起条时将粘石的底灰拉开，干后形成空鼓。起条后可以用素水泥膏将缝内勾平、勾严，也可待灰层全部干燥后再勾缝。

9）浇水养护

常温施工粘石后 24 h，即可用喷壶浇水养护。

(6) 基层为砖墙的施工

1）基层处理

将墙面清扫干净，突出墙面的混凝土剔去，浇水湿润墙面。

2）吊垂直、套方、找规矩

墙面及四角弹线、找规矩，必须从顶层用特制的大线坠吊全高垂直线，并在墙面的阴阳角及窗台两侧、柱、垛等部位根据垂直线做灰饼，在窗口的上下部位弹水平线，横竖灰饼要求垂直交圈。

3）抹底层砂浆

常温施工配合比为 1∶0.5∶4 的混合砂浆或 1∶0.2∶0.3∶4 的粉煤灰混合砂浆，冬期施工采用配合比为 1∶3 的水泥砂浆，并掺入一定比例的抗冻剂。打底时必须用力将砂浆挤入灰缝中，并分两遍与筋抹平，用大杠横竖刮平，木抹子搓毛，第二天浇水养护。

4）粘分格条

根据图样要求的宽度及深度粘分格条，条的两侧用素水泥膏勾成八字将条固定，弹线，分格应设专人负责，使其分格尺寸符合图样要求。此项工作应在粘分格条以前进行。

5）抹粘石砂浆、粘石

为保证粘石质量，粘石砂浆配合比略有不同，目前一般采用抹 6 mm 厚 1∶3 水泥砂浆，紧跟着抹 2 mm 厚聚合水泥膏（水泥∶108 胶＝1∶0.3）一道。随即粘石并将粘石拍入灰层 2/3，拍实、拍平。抹粘石砂浆时，应先抹中间部分，后抹分格条两侧，以防止木制分格条吸水快，条两侧灰层早干，影响粘石效果。粘石时应先粘分格条两侧后粘中间部分，粘的时候应一板接一板地连续操作，要求石粒粘得均匀密实，拍牢，待无明水后，用抹子轻轻地溜一遍。

6）施工程序

自上而下施工，门窗碹脸、阳台、雨罩等要留置滴水槽，其宽、深应符合设计要求。粘石时应先粘小面，后粘大面。

7）修整、处理黑边

粘石灰未终凝以前，应对已粘石面层进行检查，发现问题及时修理；对阴角及阳角应检查平整及垂直，检查角的部位有无黑边，发现后及时处理。

8）起条、勾缝

待修理后即可起条，分格条、滴水槽同时起出，起条后用抹子轻轻地按一下，防止起条时将粘石层拉起，干后形成空鼓。第二天，浇水湿润后用水泥膏勾缝。

9）浇水养护

常温 24 h 后，用喷壶浇水养护粘石面层。

(7) 基层为加气混凝土板的施工

①基层处理。将加气混凝土板拼缝处的砂浆抹平，用笤帚将表面粉尘、加气细末扫净，浇水洇透，勾板缝，用 10％（水量）的 108 胶水泥浆刷一遍，紧跟着用 1∶1∶6 混合砂浆分层勾缝，并对缺棱掉角的板分层补平，每层厚度 7～9 mm。

②抹底层砂浆。在润湿的加气混凝土板上刷一道掺有水质量20%的108胶的水泥浆，紧跟着薄薄地刮一道1∶1∶6混合砂浆，用笤帚扫出垂直纹路，终凝后浇水养护，待所抹砂浆与加气混凝土黏结在一起，手掰不动时，方可吊垂直，套方，找规矩，冲筋，抹底层砂浆。

抹底层砂浆，采用配合比为1∶1∶6的混合砂浆，分层施抹，每层厚度宜控制在7～9 mm，打底灰与所冲筋抹平，用大杠横竖刮平，木抹子搓毛，终凝后浇水养护。

③粘分格条、滴水槽。按图样上的要求弹线分格、粘条，要求分格条表面横平竖直。

④抹粘石砂浆，甩石碴粘石。

⑤操作程序。自上而下施工，门窗碹脸、阳台、雨罩等应先粘小面后粘大面，先粘分格条两侧再粘中心部位。大、小面交角处粘石应采用八字靠尺。滴水槽留置的宽度、深度应符合设计要求。

⑥修整、处理黑边。粘石灰未终凝前应检查所粘的墙有无缺陷，发现问题应及时修整，如出现黑边，应掸水补粘米粒石处理。

⑦起条、勾缝。粘石修好后，及时将分格条、滴水槽起出，并用抹子轻轻地按一下，第二天用素水泥膏勾缝。

⑧浇水养护。常温24 h后，用喷壶浇水养护。

(8) 冬期施工

①对抹灰砂浆应采取保温措施，砂浆上墙温度不应低于+5 ℃。

②抹灰砂浆层硬化初期不得受冻。气温低于+5 ℃时，室外抹灰应掺入能降低冻结温度的外加剂，其掺量通过试验确定。

③用冻结法砌筑的墙，室外抹灰应待其完全解冻后施工，

不得用热水冲刷冻结的墙面或消除墙面上的冰霜。

④抹灰内不能掺白灰膏，为保证操作可以用同体积粉煤灰代替，以增加和易性。

(9) 应注意的质量问题

①粘石面层不平，颜色不均。粘石灰抹得不平，粘石时用力不均；拍按粘石时抹灰厚的地方按后易出浆，抹灰薄的灰层处出现坑，粘石后按不到。石渣浮在表面，颜色较重，而出浆处反白，造成粘石面层有花感，颜色不一致。

②阳角及分格条两侧出现黑边。分格条两侧灰干得快，粘不上石碴；抹阳角时没采用八字靠尺，起尺后又不及时修补。应先粘分格条处而后再粘大面，阳角粘石应采用八字靠尺，起尺后及时用米粒石修补和处理黑边。

③石碴浮动，平触即掉。灰层干得太快，粘石后已拍不动或拍的劲不够；粘石前底灰上应浇水湿润，粘石后要轻拍，将石碴拍入灰层 2/3。

④坠裂。底灰浇水饱和。粘石灰太稀，灰层抹得过厚，粘石时由于石碴的甩打，易将灰层砸裂下滑产生坠裂，故浇水要适度，且要保证粘石灰的稠度。

⑤空鼓开裂。空鼓开裂有两种形式：一种是底灰与基层之间的空裂；另一种是面层粘石层与底灰之间的空裂。底灰与基体空裂原因是：基体清理不净；浇水不透；灰层过厚，抹灰时没分层施抹。底灰与粘石层空裂主要是由于坠裂引起的。为防止空裂发生，一是注意清理，二是注意浇水适度，三要注意灰层厚度及砂浆的稠度，加强施工过程的检查把关。

⑥分格条、滴水槽内不光滑、不清晰。主要是起条后不匀缝，应按施工要求认真勾缝。

7 聚合物水泥砂浆喷涂施工技术

7.1 滚涂墙面施工

(1) 分层做法

①用 10～13 mm 厚水泥砂浆打底，木抹搓平。

②粘贴分格条（施工前在分格处先刮一层聚合物水泥浆，滚涂前将涂有聚合物胶水溶液的电工胶布贴上，等饰面砂浆收水后揭下胶布）。

③3 mm 厚色浆罩面，随抹随用辊子滚出各种花纹。

④待面层干燥后，喷涂有机硅水溶液。

(2) 材料及配合比

1）材料

普通水泥和白水泥，等级不低于 32.5 级，要求颜色一致。甲基硅醇钠（简称有机硅），含固量 30%，pH 值为 13，相对密度为 1.23，必须用玻璃或塑料容器贮运。砂子（粒径 2 mm 左右）、胶粘剂、颜料等。

2）配合比

砂浆因各地区条件、气候不同，配合比也不同。一般用白水泥∶砂＝1∶2 或普通水泥∶石灰膏∶砂＝1∶1∶4，再掺入用水量 10%～20%的 108 胶和适量的各种矿物颜料。砂浆稠度一般要求在 11～12 cm。

(3) 工具

准备不同花纹的辊子若干，辊子用油印机的胶辊子或打成梅花眼的胶辊，也可用聚氨酯做胶辊，规格不等，一般是 15～25 cm 长。泡沫辊子用 15 或 30 的硬塑料做骨架，裹上 10 mm 厚的泡沫塑料，也可用聚氨酯弹性嵌缝胶浇注而成。

(4) 操作要点

有垂直滚涂（用于立墙墙面）和水平滚涂（用于顶棚楼

板）两种操作方法。滚涂前，应按设计的配合比配料，滚出样板，然后再进行滚涂。

1）打底

用1∶3的水泥砂浆打底，操作方法与一般墙面的打底一样，表面搓平、搓细即可。对预制阳台栏板，一般不打底，如果偏差太大，则须用1∶3水泥砂浆找平。

2）贴分格线

先在贴分格条的位置，用水泥砂浆压光，再弹好线，用胶布条或纸条涂抹108胶，沿弹好的线贴分格条。

3）材料的拌和

按配合比将水泥、砂子干拌均匀，再按量加入108胶水溶液，边加边拌和均匀，拌成糊状，稠度为10～12 cm，拌好后的聚合物砂浆，以拉出毛来不流不坠为宜，且应再过筛一次后使用。

4）滚涂

滚涂时要掌握底层的干湿度，吸水较快时，要适当浇水湿润，浇水量以涂抹时不流为宜。操作时需两人合作。一人在前面涂抹砂浆，抹子紧压刮一遍，再用抹子顺平；另一人拿辊子滚拉，要紧跟涂抹人，否则吸水快时会拉不出毛来。操作时，辊子运行不要过快，手势用力一致，上下左右滚匀，要随时对照样板调整花纹，使花纹一致。最后成活时，滚动的方向一定要由上往下，使滚出的花纹，有自然向下的流水坡度，以免日后积尘污染墙面。滚完后起下分格条，如果要求做阳角，一般在大面成活时再进行捋角。

为了提高滚涂层的耐久性和减缓污染变色，一般在滚完面层24 h后喷有机硅水溶液（憎水剂），喷量以其表面均匀湿润为原则，但不要雨天喷，如果喷完24 h内遇有小雨，会将喷在表面的有机硅冲掉，达不到应有的效果，须重喷一遍。

(5) 注意事项

面层厚为 2～3 mm，因此要求底面顺直平正，以保证面层取得应有的效果。

滚涂时若发现砂浆过干，不得在滚面上洒水，应在灰桶内加水将灰浆拌和，并考虑灰浆稠度一致。使用时发现砂浆沉淀要拌匀再用，否则会产生“花脸”现象。

每日应分格分段做，不能留活槎，不得事后修补，否则会产生花纹和颜色不一致现象。配料必须专人掌握，严格按配

合比配料，控制用水量，使用时砂浆应拌匀。尤其是带色砂浆，应对配合比、基层湿度、砂子粒径、含水率、砂浆稠度、滚拉次数等方面严格掌握。

7.2 喷涂墙面施工

(1) 材料

除备用与滚涂一样的材料外，还需备石灰膏（最好用淋灰池尾部挖取的优质灰膏）。

(2) 工具

除常备的抹灰工具外，还有 0.3～0.6 m^3/min 空气压缩机一台；加压罐一台或柱塞小砂浆泵一台；3 mm 振动筛一个；喷枪、喷斗、30 m 长的 25 mm 胶管两条；30 mm 长的乙炔气用的小胶管两条；一条 10 m 长的气焊用小胶管；小台秤一台；砂浆稠度仪一台以及拌料、配料用具。

(3) 砂浆拌和

拌料要由专人负责，搅拌时先将石灰膏加少量水化开，再加混色水泥、108 胶，拌到颜色均匀后再加砂子，逐渐加水到需要的稠度，一般 13 cm 为宜。

花点砂浆（成活后为蛤蟆皮式的花点）用量少，每次搅拌量依面积而定，面积较小时少拌；面积大时，每次可多拌一些。

(4) 操作方法

1) 打底

砖墙用 1∶3 水泥砂浆打底；混凝土墙板，一般只做局部处理，做好窗口腰线，将现浇时流淌鼓出的水泥砂浆凿去，凹凸不平的表面用 1∶3 水泥砂浆找平，将棱角找顺直，不甩活槎。喷涂时要掌握墙面的干湿度，因为喷涂的砂浆较稀，如果墙面太湿，会产生砂浆流淌，不吸水，不易成活的现象；太干燥，也会造成黏结力差，影响质量。

2) 喷涂

单色底层喷涂的方法，是先将清水装入加压罐，加压后清洗输送系统。然后将搅拌好的砂浆通过直径 3 mm 孔的振动筛，装满加压罐或加入柱塞泵料斗，加压输运充满喷枪腔；砂浆压力达到要求后，打开空气阀门及喷枪气管扳机，这时压缩空气带动砂浆由喷嘴喷出。喷涂时，喷嘴应垂直于墙面，根据气压大小和墙面的干湿度，决定喷嘴与墙面的距离，一般为 15～30 cm。要直视直喷，喷到与样板颜色相同，并均匀一致为止。

在各遍喷涂时，如有局部流淌，要用木抹子抹平，或刮去重喷。只能一次喷成，不能补喷。喷涂成活厚度一般在 3 mm 左右。喷完后要将输运系统全部用水冲洗干净。如果中途停工时间超过了水泥的凝结时间，要将输送系统中的砂浆全部放净。

喷花点时，直接将砂浆倒入喷斗就可开气喷涂。根据花点粗细疏密要求的不同，砂浆稠度和空气压力也应有所区别。喷粗疏大点时，砂浆要稠，气压要小；喷细密小点时，砂浆要稀，气压要大。如空气压缩机的气压保持不变，可用喷气阀和开关大小来调节。同时要注意直视直喷，随时与样板对照，喷到均匀一致为止。

涂层的接槎分块，要事先计划安排好，根据作业时间和饰面分块情况，事先计算好作业面积和砂浆用量，做一块完一块，不要甩活槎，也不要多剩砂浆造成浪费。

饰面的分隔缝可采用刮缝做法。待花点砂浆收水后，在分隔缝的一侧用手压紧靠尺，另一手拿铁皮做刮子，刮掉已喷上去的砂浆，露出基层，将灰缝两侧砂浆略加修饰就成分隔缝，宽度以 2 cm 为宜。成活 24 h 后，可喷一层有机硅，要求同滚涂。

(5) 注意事项

①灰浆管道产生堵塞而又不能马上排除故障时，要迅速改用喷斗上料继续喷涂，不留接槎，直到喷完一块为止，以免影响质量。

②要掌握好石灰膏的稠度和细度。应将所用的石灰膏一次上齐，并在不漏水的池子里和匀，做样板和做大面均用含水率一样的石膏，否则会产生颜色不一的现象，使得装饰效果不够理想。

③基层干湿程度不一致，表面不平整。因此造成喷涂干的部分吸收色浆多，湿的部分吸收色浆少；凸出的部分附着色浆少，凹陷的部分附着色浆多，故墙面颜色不一。

④喷涂时要注意把门窗遮挡好，以免被污染。

⑤注意打开加压罐时，应先放气，以免灰浆喷出造成伤人事故。

⑥拌料不要一次拌得太多，若用不完变稠后又加水质量拌，这样不仅使喷料强度降低，且影响涂层颜色的深浅。

⑦操作时，要注意风向、气候、喷射条件等。在大风天或下雨天施工，易喷涂不匀。喷射条件、操作工艺掌握不好，如粒状喷涂，喷斗内最后剩的砂浆喷出时，速度太快，会形成局部出浆，颜色即变浅，出现波面、花点。

7.3 弹涂饰面施工

(1) 材料

①甲基硅树脂。甲基硅树脂是生产硅的下脚料，通过水解

与醇解制成。

②水泥。普通硅酸盐水泥或白水泥，108胶作胶粘剂。

③颜料。采用无机颜料，掺入水泥内调制成各种色浆，掺入量不超过水泥质量的5%。

(2) 配合比

弹涂砂浆配合比见表4-4。

表4-4 弹涂砂浆配合比（质量比）

项目	水泥	颜料	水	108胶
刷底色浆	普通硅酸盐水泥100	适量	90	20
	白水泥100	适量	80	13
弹花点	普通硅酸盐水泥100	适量	55	14
	白水泥100	适量	45	10

(3) 机具

除常用抹灰工具外，还需有弹力器。弹力器分手动与电动两种，手动弹力器较为灵活方便，适宜在墙面需要连续弹撒少量深色色点时使用，构造如图4-56所示。电动弹力器适用于大面积墙弹底色色点和中间色点时使用，弹时速度快，效率高，弹点均匀。电动弹力器主要由传动装置和弹力筒两部分组成。

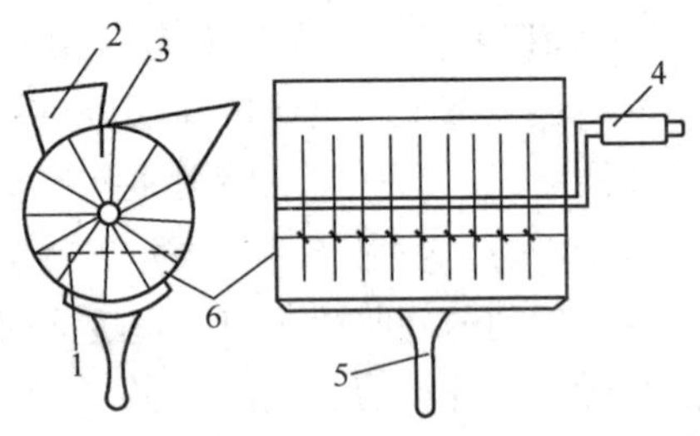

图4-56 手动弹力器

1—弹棒；2—进料口；3—挡棍；4—摇把；5—手柄；6—容器

(4) 操作方法

①打底。用1∶3水泥砂浆打底，操作方法与一般墙面一样，表面用木抹子搓平。预制外墙板、加气板等墙面、表面较平整，将边角找直，局部偏差较大处用1∶2.5水泥砂浆局部找平，然后粘贴分格条。

②涂底色浆。将色浆配好后，用长木把毛刷在底层刷涂一遍，大面积墙面施工时，可采用喷浆器喷涂。

③弹色点面层。把色浆放在筒形弹力器内（不宜太多），弹点时，按色浆分色每人操作一种色浆，流水作业，即一人弹第一种色浆后，另一人紧跟着弹另一种色浆。弹点时几种色点要弹得均匀，相互衬托、一致，弹出的色浆应为近似圆粒状。弹点时，若出现色浆下流、拉丝现象，应停止操作，调整胶浆水灰比。一般出现拉丝现象，是由于胶液过多，应加水调制；出现下流时，应加适量水泥，以增加色浆的稠度。若已出现上述结果，可在弹第二道色点时遮盖分解。随着自然气候温度的变化，须随时将色浆的水灰比进行相应调整。可事先找一块墙面进行试弹，调至弹出圆状粒点为止。

④罩面。色点面层干燥后，随即喷一道甲基硅树脂溶液罩面。配制甲基硅树脂溶液，先向甲基硅树脂中加入1/1000（质量比）的乙醇胺搅拌均匀，再置入密闭容器中贮存。操作时要加入一倍酒精，搅拌均匀后即可喷涂。

(5) 注意事项

①水泥中不能加颜料太多，因颜料是很细的颗粒，过多会缺乏足够厚的水泥浆薄膜包裹颜料颗粒，影响水泥色浆的强度，易出现起粉、掉色等缺陷。

②基层太干燥，色浆弹上后，水分被基层吸收，基层在吸水时，色浆与基层之间的水缓缓移动，色浆和基层黏结不牢；色浆中的水被基层吸收快，水泥水化时缺乏足够的水，会影响强度的发展。

③弹涂时的色点未干，就用聚乙烯醇缩丁醛或甲基硅树脂罩面，会将湿气封闭在内，诱发水泥水化时析出白色的氢氧化钙，即为析白。而析白是不规则的，所以弹涂的局部会变色发白。

7.4 石灰浆喷刷

(1) 材料要求

①生石灰块或生石灰粉。用于普通刷（喷）浆工程。

②大白粉。建材商店有成品供应，有方块和圆块之分，可根据需要购买。

③可赛银。建材商店有成品供应。

④建筑石膏粉。建材商店有供应，是一种气硬性的胶结材料。

⑤滑石粉。要求细度，过 140～325 目，白度为 90%。

⑥胶粘剂。聚乙酸乙烯乳液、羧甲基纤维素、面粉等。

⑦颜料。氧化铁黄、氧化铁红、群青、锌白、铬黄、铬绿等，用遮盖力强、耐光、耐碱、耐气候影响的各种矿物颜料。

⑧其他。用于一般刷石灰浆的食盐，用于普通大白浆的火碱、白水泥或普通水泥等。

(2) 主要机具

一般应备有手压泵或电动喷浆机、大浆桶、小浆桶、刷子、排笔、开刀、胶皮刮板、塑料刮板、0 号及 1 号木砂纸、50～80 目铜丝箩、浆罐、大小水桶、胶皮管、钳子、钢丝、腻子槽、腻子托板、笤帚、擦布、棉丝等。

(3) 作业条件

①室内抹灰工的作业已全部完成，墙面应基本干燥，基层含水率不得大于 10%。

②室内水暖管道、电气预埋预设均已完成，且完成管洞处抹灰活的修理等。

③油工的头遍油已刷完。

④大面积施工前应事先做好样板间，经有关质量部门检查鉴定合格后，方可组织班组进行大面积施工。

⑤冬期施工室内刷（喷）浆工程，应在采暖条件下进行，室温保持均衡，一般室内温度不宜低于+10 ℃，相对湿度为60%，不得突然变化。同时应设专人负责测试和开关门窗，以利通风排除湿气。

(4) 工艺流程

基层处理→喷、刷胶水→填补缝隙、局部刮腻子→石膏墙面拼缝处理→满刮腻子→刷、喷第一遍浆→复找腻子→刷、喷第二遍浆→刷、喷交活浆

(5) 施工要点

①基层处理。混凝土墙表面的浮砂、灰尘、疙瘩等要清除干净，表面的隔离剂、油污等应用碱水（火碱∶水=1∶10）清刷干净，然后用清水冲洗掉墙面上的碱液等。

②喷、刷胶水。刮腻子之前在混凝土墙面上先喷、刷一道胶水（质量比，水∶乳液=5∶1），注意喷、刷要均匀，不得有遗漏。

③填补缝隙、局部刮腻子，用水石膏将墙面缝隙及坑洼不平处分遍找平，并将野腻子收净，待腻子干燥后用1号砂纸磨平，并把浮尘等扫净。

④石膏板墙面拼缝处理。接缝处应用嵌缝腻子填塞满，上糊一层玻璃网格布或绸布条，用乳液将布条粘在拼缝上，粘条时应把布拉直、糊平，并刮石膏腻子一道。

⑤满刮腻子。根据墙体基层的不同和浆活等级要求的不同，刮腻子的遍数和材料也不同。一般情况为三遍，腻子的配合比为质量比，有两种：一是适用于室内的腻子，于其配合比为聚乙酸乙烯乳液（即白乳胶）∶滑石粉或大白粉∶2%羧甲基纤维素溶液=1∶5∶3.5；二是适用于外墙、厨房、厕所、浴室的腻子，其配合比为聚乙酸乙烯乳液∶水泥∶水=1∶5∶1。刮腻子时应横竖刮，并注意接槎和收头时腻子要刮净，每

遍腻子干后应磨砂纸，腻子磨平磨完后将浮尘清理干净。如面层要涂刷带颜色的浆料时，则腻子亦要掺入适量与面层所带颜色相协调的颜料。

⑥刷、喷第一遍浆。刷、喷浆前应先将门窗口圈用排笔刷好，如墙面和顶棚为两种颜色时应在分色线处用排笔齐线并刷20 cm宽以利接槎，然后再大面积制喷浆。刷、喷应按先顶棚后墙面，先上后下的顺序进行。喷浆时喷头距墙面宜为20～30 cm，移动速度要平稳，使涂层厚度均匀。如顶板为槽型板时，应先喷凹面四周的内角再喷中间平面，浆活配合比与调制方法见表4-5。

表4-5　浆活配合比与调制方法

砂浆类型	配合比及调制方法
调制石灰浆	①将生石灰块放入容器内加入适量清水，等灰块熟化后再按比例加入应加的清水。其配合比为生石灰：水=1：6（质量比）。 ②将食盐化成盐水，掺盐量为石灰浆质量的0.3%～0.5%，将盐水倒入石灰浆内搅拌均匀后，再用50～60目的铜丝箩过滤，所得的浆液即可施喷、刷。 ③采用生石灰粉时，将所需生石灰粉放入容器中直接加清水搅拌，掺盐量同上，拌匀后，过箩使用
调制大白浆	①将大白粉破碎后放入容器中，加清水拌和成浆，再用50～60目的铜丝箩过滤。 ②将羧甲基纤维素放入缸内，加水搅拌使之溶解。其拌和的配合比为羧甲基纤维素：水=1：40（质量比）。 ③聚乙酸乙烯乳液加水稀释与大白粉拌和，其掺量比例为大白粉：乳液=10：1。 ④将以上三种浆液按大白粉：乳液：纤维素=100：13：16混合搅拌后，过80目铜丝箩，拌匀后即成大白浆。 ⑤如配色浆，则先将颜料用水化开，过箩后放入大白浆中
配可赛银浆	将可赛银粉末放入容器内，加清水溶解搅匀后即为可赛银浆

⑦复找腻子。第一遍浆干后，对墙面上的麻点、洼坑、刮痕等用腻子复找刮平，干后用细砂纸轻磨，并把粉尘扫净，使表面光滑平整。

⑧刷、喷第二遍浆。

⑨刷、喷交活浆。待第二遍浆干后，用细砂纸将粉尘、溅沫、喷点等轻轻磨去，并打扫干净，即可刷、喷交活浆。交活浆应比第二遍浆的胶量适当增大一点，防止刷、喷浆的涂层掉粉，这是必须做到和满足的保证项目。

⑩刷、喷内墙涂料和耐擦洗涂料。其基层处理与喷、刷浆相同，面层涂料使用建筑产品时，要注意外观检查，并应参照产品使用说明书去处理和涂刷。

⑪砌体结构的外窗台、碹脸、窗套、腰线等部位涂刷白水泥浆。

需要涂刷的窗台、碹脸、窗套、腰线等部位在抹罩面灰时，应趁湿刮一层白水泥膏，使之与面层压实并结合在一起，将滴水线（槽）按规矩预先埋设好，并趁灰层未干，紧跟着涂刷第一遍白水泥浆（白水泥加水质量 20％的 108 胶水溶液拌匀成浆液），涂刷时可用油刷或排笔，自上而下涂刷，要注意应少蘸勤刷，严防污染。

⑫预制混凝土阳台底板、阳台分户板、阳台栏板涂刷。

根据室外气候变化影响大的特点，应选用防潮及防水涂料施涂。清理基层，刮聚合物水泥腻子 1～2 遍（用水质量 20％的 108 胶水溶液拌和水泥，成为膏状物），干后磨平，对塌陷之处重新补平，干后磨砂纸。涂刷聚合物水泥浆（用水质量 20％的 108 胶水溶液拌水泥，辅以颜料后成为浆液）或用防潮、防水涂料进行涂刷。应先刷边角，再刷大面，均匀地涂刷一遍，待干后再涂刷第二遍，直至交活为止。

(6) 注意事项

①刷（喷）浆工程整体或基层的含水率。混凝土和抹灰表

面施涂水性和乳液浆时，含水率不得大于10%，以防止脱皮。

②刷（喷）浆工程使用的腻子，应坚实牢固，不得粉化、起皮和裂纹。外墙、厨房、浴室及厕所等需要使用涂料的部位和木地（楼）板表面需使用涂料时，应使用具有耐水性能的腻子。

③刷（喷）浆表面粗糙。主要原因是基层处理不彻底，如打磨不平、刮腻子时没将腻子收净，干燥后打磨不平、清理不净，大白粉细度不够，喷头孔径大等，造成表面浆颗粒粗糙。

④利用冻结法抹灰的墙面不宜进行涂刷。

⑤涂刷聚合物水泥浆应根据室外温度掺入外加剂，外加剂的材质应与涂料材质配套，外加剂的掺量应由试验决定。

⑥冬期施工所使用的外涂料，应根据材质使用说明和要求去组织施工及使用，严防受冻。

⑦浆皮开裂。主要原因是基层粉尘没清理干净，墙面凸凹不平，腻子超厚或前道腻子未干透紧接着刮等二道腻子，这使腻子干后收缩形成裂缝，结果把浆皮拉裂。

⑧透底。主要原因是基层表面太光滑或表面有油污没清洗干净，浆刷（喷）上去固化不住，或由于配浆时稠度掌握不好，浆过稀，喷几遍也不盖底。要求喷浆前将混凝土表面油污清刷干净，浆料稠度要合适，刷（喷）浆时设专人负责，喷头距墙 20～30 cm，移动速度均匀，不漏喷等。

⑨脱皮。刷（喷）浆层过厚，面层浆内胶量过大，基层胶量少、强度低，干后面层浆形成硬壳使之开裂脱皮。因此，应掌握浆内胶的用量，为增加浆与基层的黏结强度，可在刷（喷）浆前先刷（喷）一道胶水。

⑩泛碱、咬色。主要原因是墙面潮湿，或墙面干湿不一致；因赶工期浆活每遍跟得太紧，前道浆没干就喷刷下道浆；或因冬期施工室内生火炉后墙面泛黄；还有的由于室内跑水、漏水，形成水痕。解决办法是冬期施工取暖采用暖气或电炉，

将墙面烘干，浆活遍数不能跟得太紧，应遵循合理的施工顺序。

⑪流坠。主要原因是墙面潮湿，浆内胶多不易干燥，喷刷浆过厚等。应待墙面干后再刷（喷）浆，刷（喷）浆时最好设专人负责，喷头要均匀移动。配浆要设专人掌握，保证配合比正确。

⑫石膏板墙缝处开裂。主要原因是安装石膏板不按要求留置缝隙，对接缝处理马虎从事，不按规矩粘贴玻璃网格布，不认真用嵌缝腻子进行嵌缝，造成腻子干后收缩拉裂。

⑬室外刷（喷）浆与油漆或涂料接槎处分色线不清晰的主要原因是施工人员技术素质差，施工时不认真。

⑭掉粉。主要原因是面层浆液中胶的用量少，为解决掉粉的问题，可在原配好的浆液内多加一些乳液使其胶量增大，用新配的浆液在掉粉的面层上重新刷（喷）一道（此道胶俗语叫"来一道扫胶"）即可。

⑮表面划痕或腻子斑痕明显。主要原因是刮腻子后没有认真磨砂纸找平，又不复找腻子。

8 清水墙面勾缝施工技术

8.1 施工工艺

（1）工艺流程

基层处理→开缝、补缝→勾缝→清扫、养护

（2）基层处理

包括墙面清理和浇水湿润两项内容：墙面清理即把墙面尘土、污垢、油渍清除干净；为防止砂浆早期脱水，在勾缝前一天将墙面浇水湿润，天气特别干燥时，勾缝前可再适量浇水，但不宜太湿。

(3) 开缝、补缝

首先要用粉线袋弹出立缝垂直线和水平线，以弹出的粉线为依据对不合格立缝和水平缝进行开缝。黏土砖清水墙，缝宽10 mm，深度控制在10～12 mm。开缝后，将缝内残灰、杂物等清除干净；料石清水墙开缝，要求缝宽达15～20 mm，深度达15～20 mm，要求缝平整、深浅一致。

(4) 勾缝

①勾缝使用1∶1水泥细砂浆或水泥∶粉煤灰∶细砂＝2∶1∶3的混合砂浆。石材墙面采用水泥∶中砂＝1∶2的水泥砂浆。水泥砂浆稠度以勾缝溜子挑起不掉为宜。勾缝砂浆应随拌随用，不得使用过夜砂浆。

②一般勾缝有四种形式，即平缝、斜缝、凹缝、凸缝，如图4-57所示。

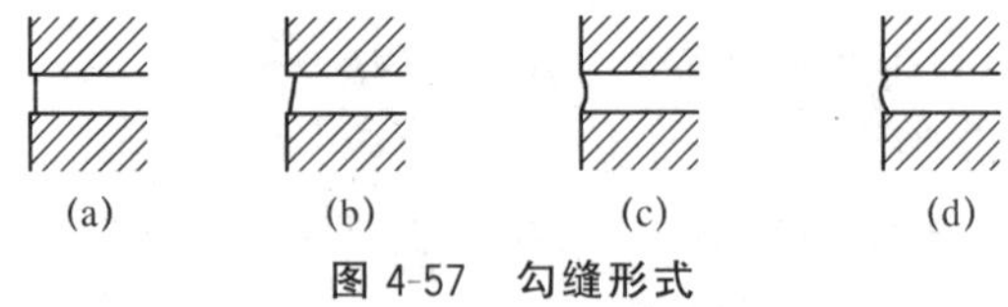

图4-57　勾缝形式

(a) 平缝；(b) 斜缝；(c) 凹缝；(d) 凸缝

③平缝操作简单，不易剥落，墙面平整，不易纳垢，特别是在空斗墙勾缝时应用最普遍。如设计无特殊要求，砖墙勾缝宜采用平缝。平缝有深浅之分，深的凹进墙面3～5 mm，采用加浆勾缝方法，多用于外墙；浅的与墙面平，采用原浆勾缝，多用于内墙。

④清水砖墙勾缝也有采用凹缝的，凹缝深度一般为4～5 mm。石墙勾缝应采用凸缝或平缝，毛石墙勾缝应保持砌筑的自然缝。勾缝时用溜子把灰挑起来填嵌，俗称"叨缝"，主要是为了防止托灰板沾污墙面，但工效太低。

⑤喂缝方法是将托灰板顶在墙水平缝的下口，边移动托灰板，边用溜子把灰浆推入砖缝，用长溜子来回压平整。外墙一

般采用喂缝方法勾成平缝。凹进墙面 3～5 mm，从上而下，自右向左进行，先勾水平缝，后勾立缝。要做到阳角方正，阴角处不能上下直通和瞎缝。水平缝和竖缝要深浅一致，密实光滑，接处平顺。

⑥要在墙面下铺板，接下落地灰拌和后再使用。

(5) 清扫、养护

勾缝完毕，及时检查有无丢缝现象，特别是细部，如勒脚、腰线、过梁上第一皮砖以及门窗框边侧，如发现漏掉的，要及时补勾。稍干，即用扫帚清扫墙面，特别是墙面上下棱边的余灰要及时扫掉。“三分勾，七分扫”说明了清扫的重要性。全部工作完毕后，要注意加强养护，天气特别干燥时，可适当浇水并注意成品保护。

8.2 质量标准

(1) 一般规定

①相同材料、工艺和施工条件的室外勾缝工程每 500～1000 m^{2}应划分为一个检验批，不足 500 m^{2}也应划分为一个检验批。

②相同材料、工艺和施工条件的室内勾缝工程每 50 个自然间（大面积房间和走廊按抹灰面积 30 m^{2}为一间）应划分为一个检验批，不足 50 间也应划分为一个检验批。

③室内每个检验批应至少抽查 10％并不得少于 3 间；不足 3 间时应全数检查。室外每个检验批每 100 m^{2}应至少抽查 1 处，每处不得小于 10 m^2。

(2) 主控项目

①清水砌体勾缝所用水泥的凝结时间和安定性复验应合格。砂浆的配合比应符合设计要求。

检验方法：检查复验报告和施工记录。

②清水砌体勾缝应无漏勾。勾缝材料应黏结牢固、无开裂。

检验方法：观察。

(3) 一般项目

①清水砌体勾缝应横平竖直，交接处应平顺，宽度和深度应均匀，表面应压实抹平。

检验方法：观察，尺量检查。

②灰缝应颜色一致，砌体表面应洁净。

检验方法：观察。

9　装饰饰面砖施工技术

9.1　内墙瓷砖施工

(1) 工艺流程

打底子→选砖、润砖→弹线、找规矩→推砖撂底→镶贴标筋→镶粘→大面→找破活、勾缝→养护

(2) 打底子

①瓷砖在粘贴前要对结构进行检查。墙面上如有穿线管等，要把管头用纸塞堵好，以免施工中落入灰浆。有消火栓、配电盖箱等的背面钢板网要钉牢，并先用混合麻刀灰浆抹黏结层后，用小砂子灰刮勒入底子灰中，与墙面基层一同打底。

②打底的做灰饼、挂线、冲筋、装档、刮平等程度可参照水泥砂浆抹墙面的打底部分。打底后要在底子灰上划毛以增强与面层的黏结力。打底应按高级抹灰要求，偏差值要极小。

(3) 选砖、润砖

①瓷砖贴前要对不同颜色和尺寸的砖进行筛选，可以用肉眼及借助选砖样框和米尺共同选砖。

②瓷砖在使用前要进行润砖。润砖是一个经验性很强的过程。润砖，可以用大灰槽或大桶等容器盛水，把瓷砖浸泡在内，一般要 1 h 左右方可捞出，然后单片竖向摆开阴晾至底面抹上灰浆，能吸收一部分灰浆中的水分，而又不致把灰浆吸干

时使用。

在实际工作中，这个问题是个关键的问题，其对整个粘贴质量有着极大的影响。如果浸泡时间不足，砖面吸水力较强，抹上灰浆后，灰浆中的水分很快被砖吸走，造成砂浆早期失水，产生粘贴困难或出现空鼓现象。

如果浸泡过时，阴晾不足时，灰浆抹在砖上后，砂浆不能及时凝结，粘贴后易产生流坠现象，影响施工进度，而且灰浆与面砖间有水膜隔离层，在砂浆凝固后造成空鼓。所以掌握瓷砖的最佳含水率是保证质量的前提。

有经验的工人，往往可以根据浸、晾的时间，环境，季节，气温等多种复杂的综合因素，比较准确地估计出瓷砖最佳含水率。由于这是一个比较复杂、含综合因素的问题，所以不能单从浸泡时间或阴干时间来判定，希望在工作中多动脑，多观察，积累一定的经验，往往可以通过手感、质量、颜色等表象，而产生一种直觉和比较准确的判断。浸砖、晾砖的劳动过程要在粘贴前进行，不然可能对工期有影响。

(4) 弹线、找规矩

弹线时首先要依给定的标高，或自定的标高在房间内四周墙上，弹一圈封闭的水平线，作为整个房间若干水平控制线的依据。

(5) 排砖摞底

①依砖块的尺寸和所留缝隙的大小，从设计粘贴的最高点，向下排砖，半砖（破活）放在最下边。再依次排砖，在最下边一行砖（半条砖或整砖）的上口，依水平线反出一圈最下一行砖的上口水平线。这样认为竖向排砖已经完成，可以进行横向排砖。

②如果采用对称方式时，要横向用米尺，找出每面墙的中点（要在弹好的最下一匹砖上口水平线上画好中点位置），从中点按砖块尺寸和留缝向两边阴（阳）角排砖。

③如果采用的是一边跑的排砖法，则不需找中点，要从墙一边（明处）向另一边阴角（不显眼处）排去。排砖也可以通过计算的方法来进行。

④如竖向排砖时，以总高度除以砖高加缝隙所得的商，为竖向要粘贴整砖的行数，余数为边条尺寸。如横向排砖时一面跑排砖，则以墙的总长除以砖宽加缝隙，所得的商为横向要粘贴的整砖块数，余数为边条尺寸。

⑤依规范要求：小于 3 cm 的边条不准许使用，所以在排砖后阴角处如果出现小于 3 cm 边条时，要把与边条邻近的整砖尺寸加上边条尺寸后除以 2，得的商为两竖列大半砖的尺寸，粘贴在阴角附近（即把一块整砖和一块小条砖，改为两块大半砖）。

⑥在排砖中，如果设计采用阴阳角条、压顶条等配件砖，在找规矩排砖时要综合考虑。计算虽然稍微复杂些，但也不是很难。如果墙有门窗口，有时为了门窗口的美观，排砖时要从门窗口的中心考虑，使门窗口的阳角外侧的排砖两边对称。有时一面墙上有几个门窗口及其他的洞口，这样需要综合考虑，尽量要做到合理安排，不可随意乱排。要从整体考虑，要有理有据。

在横、竖向均排完砖，弹完最下一行砖的上口水平控制线后，再在横向阴角边上一列砖的里口竖向弹上垂直线。每一面墙上这两垂一平的三条线，是瓷砖粘贴施工中的最基本控制线，是必不可少的。另外，在墙上竖向或横向以某行或某列砖的灰缝位置弹出若干控制线也是必要的，以防在粘贴时产生歪斜现象。所弹的若干水平或垂直控制线的数量，要依墙的面积和操作人员的工作经验、技术水平而决定，一般墙的面积大，要多弹，墙面积小，可少弹。操作人员经验丰富、技术水平高可以不用弹或少弹，否则需要多弹。弹完控制线后，要依最下一行砖上口的水平线而铺垫一根靠尺或大杠，使之水平，且与水平线平行，下部用砂或木板垫平。

(6) 粘贴瓷砖

粘贴用料种类较多，这里以采用素水泥中掺加水质量的30%的108胶的聚合物灰浆为例。

①粘贴时用左手取浸润阴干后的瓷砖，右手拿鸭嘴之类的工具，取灰浆在砖背面抹3～5 cm厚，要抹平，然后把抹过灰浆的瓷砖粘贴在相应的位置上，左手五指叉开，五角形按住砖面的中部，轻轻揉压至平整、灰浆饱满为止。

②要先粘垫铺靠尺上边的一行，高低方向以坐在靠尺上为准，左右方向以排砖位置为准，逐块把最下一行粘完。横向可用靠尺靠平，或拉小线找平。

③然后在两边的垂直控制线外把裁好的条砖或整砖，在2 m左右高度，依控制线粘上一块砖，用托线板把垂直控制线外上边和下边两块砖挂垂直，作为竖直方向的标筋。这时可以依标筋的上下两块砖一次把标筋先粘贴好，或把标筋先粘出一定高度，以作为中间粘大面的依据。

④大面的粘贴可依两边的标筋从下向上逐行粘贴而成。每行砖的高低要在同一水平线上；每行砖的平直要在同一直线上：相邻两砖的接缝高低要平整；竖向留缝要在一条线上。水平缝用专用的垫缝工具或用两股小线拧成的线绳垫起。线绳有弹性可以调整高低。

⑤如果有某块砖高起时，只要轻压上边棱，就可降下。如有过低者，可以把线绳放松，弯曲或折叠压在缝隙内，以解决水平方向的平直问题。平直问题如有过于突出的砖块用手揉不下时，可以用鸭嘴把敲振平实，然后调正位置。

⑥大面粘贴到一定高度，下几行砖的灰浆已经凝固时，可拉出小线捋去灰浆备用，一面墙粘贴到顶或一定高度，下边已凝结可拆除下边的垫尺，把下边的砖补上，且每贴到与某控制线相当高度时，要依控制线检验，发现问题及时解决，以免造

成问题过大，不好修整。

⑦内墙瓷砖在粘贴的过程中有时由于面积比较大，施工时间比较长，所以要对拌和好的灰浆经常搅动，使其经常保持良好的和易性，以免影响施工进度和质量。经浸泡和阴干的砖，也要视其含水率的变化而采取相应的措施。杜绝较干的砖上墙，造成施工困难和空鼓事故。要始终让所用的砖和灰浆，保持在最佳含水率和良好的和易性及理想稠度状态下进行粘贴，才能对质量有所保证。

(7) 找破活、勾缝

①待一面墙或一个房间全部整活粘贴完后应及时将破活补上（也可随整砖一同镶），第二天用喷浆泵喷水养护。

②三天后，可以勾缝。勾缝可以采用黏结层灰浆或勾缝剂，也可以减少108胶的使用量或只用素水泥浆。但稠度值不要过大，以免灰浆收缩后有缝隙不严和毛糙的感觉。勾缝时要用柳叶一类的小工具，把缝隙内填满塞严，然后捋光。一般多勾凹入缝，勾完缝后要把缝隙边上的余浆刮干净，用干净布把砖面擦干净。最好在擦完砖面后，用柳叶再把缝隙灰浆捋一遍光。

(8) 养护

第二天用湿布擦抹养护，每天最少两次。

9.2 陶瓷锦砖施工

(1) 工艺流程

基层处理→弹线、找规矩→刮板子（填缝）→粘贴陶瓷锦砖、揭纸修整→勾缝→养护

(2) 基层处理

陶瓷锦砖粘贴前，要对基层进行清理、打底。

(3) 弹线、找规矩

陶瓷锦砖墙面在粘贴前要对打好的底子进行洒水润湿，然

后在底子灰上找规矩，弹控制线，如果设计要求有分格缝时，要依设计要求先弹分格线，控制线要依墙面面积、门窗口位置等综合考虑，排好砖后，再弹出若干垂直和水平控制线。

(4) 填缝

粘贴时，要把四张陶瓷锦砖纸面朝下平拼在操作平台上，再把 1∶1 水泥砂子干粉撒在陶瓷锦砖上，用干刷子把干粉扫入缝隙内，填至 1/3 缝隙高度。而后，用素水泥浆，把剩下的 2/3 缝隙抹填平齐。这时由于缝隙下部有干粉的存在，马上可以把填入缝隙上部的灰浆吸干，使原来纸面陶瓷锦砖软板，变为较挺实的硬板块。

(5) 粘贴

一人在底子灰上，用聚合物防水灰浆涂抹黏结层。黏结层厚度为 3 mm，灰浆稠度为 6～8 cm，黏结层要抹平，有必要时用靠尺刮平后，再用抹子走平。后边跟一人用双手提住填过缝的陶瓷锦砖的上边两角，粘贴在黏结层的相应位置上，要用控制线找正位置，用木拍板拍平、拍实，也可用平抹子拍平。一般要从上向下、从左到右依次粘贴，也可以在不同的分格块内分若干组同时进行。

遇分格条时，要放好分格条后继续粘贴。每两张陶瓷锦砖之间的缝隙，要与每张内块间缝隙相同。粘贴完一个工作面或一定量后，经拍平、拍实、调整无误后，可用刷子蘸水把表面的背纸润湿。过半小时后视纸面均已湿透，颜色变深时，把纸揭掉。检查一下缝子是否有变形之处，如果有局部不理想时，要用抹子拍几下，待黏结层灰浆发软，陶瓷锦砖可以游动时，用开刀调整好缝隙，用抹子拍平、拍实，用干刷子把缝隙扫干净。

(6) 勾缝

要用喷浆泵喷水润湿，而后用素水泥浆刮抹表面，使缝隙被灰浆填平，稍待，用潮布把表面擦干净即可。

如果是地面，也可以采用同样的方法，在打底后，用水泥108胶聚合物灰浆如上粘贴。但在打底时要注意地面有泛水要求的要在打底时打出坡度。

9.3 陶瓷地砖施工

(1) 基层处理、弹线、找规矩

养护后，在打好的底子灰上找规矩、弹控制线。找规矩可依照水磨石板地面找规矩的方法。

(2) 粘贴

①粘贴时，把浸过水阴干后的地砖，用掺加水质量占30%的108胶的聚合物水泥胶浆涂抹在砖背面。要求抹平，厚度为3～5 mm，灰浆稠度可控制在5～7 cm。

②随之，把抹好灰浆的板材轻轻平放在相应的位置上，用手按住砖面，向前、后、左、右四面分别错动、揉实。错动时幅度不要过大，以5 mm为宜。边错动，边向下压。目的是把黏结层的灰浆揉实，将气泡揉出，使砖下的灰浆饱满，如果板面仍然较小线高，可用左手轻扶板的外侧，右手拿胶锤以适度的力量振平、振实。

③在用胶锤敲振的同时，如果板材有移动偏差要用左手随时扶正。

④每块砖背面抹灰浆时不要抹得太多，要适量，操作过程中，砖面上要保持清洁，不要沾染上较多的灰浆。如果有残留的灰浆要随时用棉丝擦干净。

⑤周边的条砖最好随大面边切割边粘贴完毕。

⑥地坪中有地漏的地方要找好泛水坡度，地漏边上的砖要切割得与地漏的铁箅子外形尺寸相符合，使之美观。

⑦如果是大厅内地砖的铺设，且中部又有大型花饰图案块材，该处的镶铺应在大面积地面铺完后进行，留出的面积要大于图案块材的面积，以便有一定的操作面。

(3) 养护

一个房间完成后第二天喷水养护。隔天上去用聚合物灰浆或1∶1水泥细砂子砂浆勾缝。缝隙勾完，擦净后第二天喷水养护。

①缝隙的截面形状有平缝、凹缝及凹入圆弧缝等。一般缝隙的截面要依缝宽而定。由于陶瓷地砖经烧结而成，所以虽经挑选，仍不免有尺寸偏差，所以在施工中一定要留出一定缝隙。一般房小时，缝隙可不必太大，控制在2～3 mm为宜，小缝多做成与砖面一样平或凹入砖面的一字缝。一般房间较大时，如一些公共场所的商场、饭店等，则应把缝隙适当放大一些，控制在5～8 mm，或再大一点。否则由于砖块尺寸的偏差造成粘贴困难。

②大缝一般勾成凹入砖面的圆弧形。勾缝可以用鸭嘴、柳叶或特制的溜子。

③勾缝是地砖施工中的一个重要环节。缝隙勾得好，可以增加整体美感，弥补粘贴施工中的不足，即使粘贴工序完成比较好的地面，由于缝隙勾得不好，不光、不平、边缘不清晰，也会给人一种一塌糊涂、不干净的感觉。所以在铺贴地砖的施工中，要细心完成勾缝工作。

9.4 外墙面砖施工

(1) 工艺流程

打底子 → 选砖、润砖（润基层） → 排砖 → 弹控制线 → 设置标志 → 镶贴面砖勾缝 → 养护

(2) 选砖、润砖

在粘贴前要选砖、浸砖（方法同内墙瓷砖选砖、润砖），阴干后方可粘贴。

(3) 排砖

在外墙面砖的粘贴中，由于门窗洞口比较多，施工面积

大，排砖时需要考虑的因素比较多，比较复杂。所以要在施工前经综合考虑画出排砖图，然后照图施工。

①排砖要有整体观念，一般要把洞口周边排为整砖，如果条件不允许时，也要把洞口两边排成同样尺寸的对称条砖，而且要求在一条线上同一类型尺寸的门洞口边和条砖要求一致。

②与墙面一样平的窗楣边最好是整砖，由于外墙面砖粘贴时，一般缝隙较大（一般为 10 mm 左右），所以排砖时，有较大的调整量。如果在窗口部分只差 1～2 cm 时可以适当调整洞口位置和大小，尽量减少条砖数量，以利于整体美观和施工操作方便。

(4) 弹控制线

粘贴面砖前，要在底层上依排砖图，弹出若干水平和垂直控制线。

(5) 镶贴面砖

粘贴时，在阳角部位要大面压小面，正面压侧面，不要把盖砖缝留在显眼的大面和正面。要求高的工程可采用将角边砖做 45°割角对缝处理。由于外墙面积比较大，施工时要分若干施工单元块，逐块粘贴，可以从下向上一直粘贴下去，也可以为了拆架子方便，而从上到下一步架一步架地粘贴。但每步架开始时亦要从这步架的最下面开始，向上粘贴。完成一步架后，拆除上边的架子，转入下一步继续粘贴。

(6) 勾缝养护

在粘贴完一面墙或一定面积后，可以勾缝。勾缝的方法同陶瓷地砖的勾缝方法相同，一般要勾成半圆弧形凹入缝，然后擦净，第二天喷水对缝隙养护。

10 大理石、花岗石板施工技术

10.1 粘贴法施工

(1) 工艺流程

打底子 → 选块材、润砖（润基层）、排块 → 弹控制线 → 设置标志 → 镶贴面层块材 → 勾缝、养护、打蜡、抛光

(2) 操作要点

①在粘贴前要先对结构进行检查，有较大偏差的要提前用1∶3水泥砂浆补齐填平，并要润湿基层，用1∶3水泥砂浆打底（刮糙），在刮抹时要把抹子放陡一些，第二天浇水养护。

②然后按基层尺寸和板材尺寸及所留缝隙预先排板。排板时要把花纹颜色加以调整。相邻板的颜色和花纹要相近，有协调感、均匀感，不能深一块浅一块，相邻两板花纹差别较大会造成反差强烈的感觉。板材预排后要背对背，面对面，编号按顺序竖向码放，而且在粘贴前要对板材进行润湿、阴干，以备后用。

③对于底层，在粘贴前要依排板位置进行弹线，弹出一定数量的水平和竖直控制线，并依线在最下一行板材的底下垫铺上大杠或硬靠尺，尺下用砂或木楔垫起，用水平尺找出水平。若长度比较大时，可用水准仪或透明水管找水平，并根据板材的厚度和粘贴砂浆的厚度，在阳角外侧挂上控制竖线，竖线要两面吊直，如果是阴角，可以在相邻墙阴角处依板材厚度和粘贴砂浆厚度弹上控制线。

④粘贴开始时，应在板材背面抹上1∶2水泥砂浆，厚度为10～12 mm，稠度为5～7 cm。砂浆要抹平，先依阳角挂线或阴角弹线，把两端的第一条竖向板材从下向上按一定缝隙粘贴出两道竖向标筋来。然后以两筋为准拉线从下向上、从左至

右逐块粘上去。

⑤粘贴每一块砖都要在抹上灰后，贴在相应的位置上并用胶锤敲平、振实，要求横平竖直，每两块板材间的接缝要平顺。阳角处的搭接多为空眼珠线形，如图 4-58 所示，也有八字形的，每两行之间要用小木片垫缝。

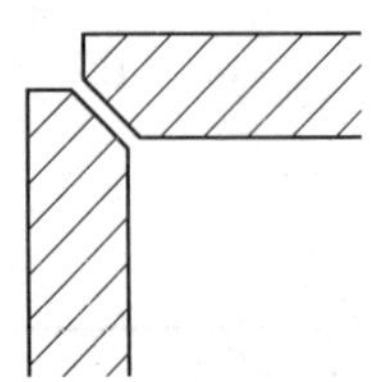
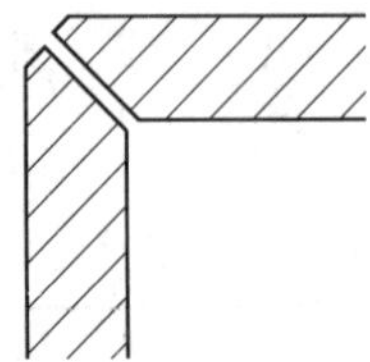

图 4-58 阳角搭接形式

⑥每天下班前要把所粘贴好的板材表面擦干净。全部粘完后，要经勾缝、擦缝后进行打蜡、抛光。

⑦近年来由于建筑材料的发展，在粘贴石材时也常采用新型大理石胶来粘贴石材面层。这种胶粘贴效果颇好，施工也很方便，而且可以打破以前的粘贴法受板材尺寸和粘贴高度的限制，可以在较高的墙面上使用较大尺寸的板材。

10.2 湿作业法施工

(1) 工艺流程

基层处理 → 绑扎钢筋网预拼 → 固定绑扎钢丝 → 板块就位 → 固定板块 → 灌浆 → 清理、嵌缝

(2) 基层处理

将基层表面的残灰、污垢清理干净，油污可用 10% 火碱水清洗，干净后再用清水将火碱液清洗干净。基层应具有足够的刚度和稳定性，并且基层表面应平整粗糙。对于光滑的基层表面应进行凿毛处理，凿毛深度 5～15 mm，间距不大于 30 mm。基层应在饰面板安装前一天浇水湿透。

(3) 绑扎钢筋网

先检查基层墙面平整情况，然后在建筑物四角由顶到底挂

垂直线，再根据垂直标准，拉水平通线，在边角做出饰面板安装后厚度的标志块，根据标志块做标筋和确定饰面板留缝灌浆的厚度。

按上述方法找规矩确定标准线，在水平与垂直范围内根据立面要求画出水平方向及垂直方向的饰面板分块尺寸，并核对一下墙或柱预留的洞、槽的位置。然后先剔凿出墙面或柱面结构施工时的预埋钢筋，使其外露于墙、柱面，然后连接绑扎（或焊接）ϕ8 mm 的竖向钢筋（竖向钢筋的间距，如设计无规定，可按饰面板宽度距离设置，一般为 30～50 cm），随后绑扎横向钢筋，其间距以比饰面板竖向尺寸小 2～3 cm 为宜。

一般室内装饰工程的墙面，都没有预埋钢筋，绑扎钢筋网之前需要在墙面用 M10～M16 的膨胀螺栓来固定铁件。膨胀螺栓的间距为板面宽，或者用冲击电钻在基层上打出 ϕ6～8 mm、深度大于 60 mm 的孔，再向孔内打入 ϕ6～8 mm 的短钢筋，应外露 50 mm 以上并弯钩。短钢筋的间距为板面宽度，上、下两排膨胀螺栓或插筋的距离为板的高度减去 100 mm 左右。在同一标高的膨胀螺栓或插筋上连接水平钢筋，水平钢筋可绑扎固定或定位焊固定，如图 4-59 所示。

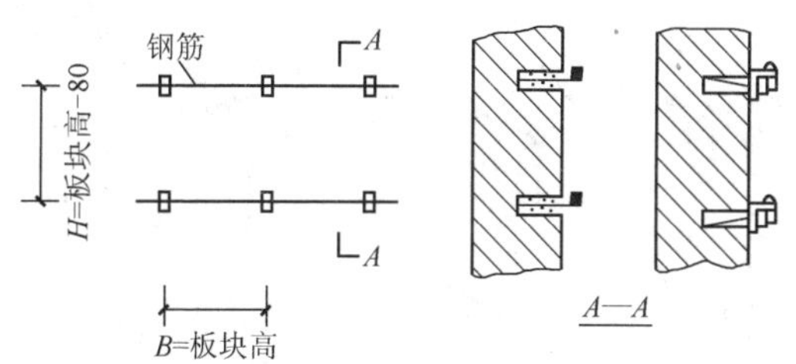

图 4-59　墙上埋入钢筋或螺栓

(4) 预拼

为了使板材安装时上、下、左、右颜色花纹一致，纹理通顺，接缝严密吻合，安装前，必须按大样图预拼排号。

一般应先按图样挑出品种、规格、颜色与纹理一致的板

料，按设计尺寸，进行试拼，校正尺寸及四角套方，使其合乎要求。凡阳角对接处，应磨边卡角，如图 4-60 所示。

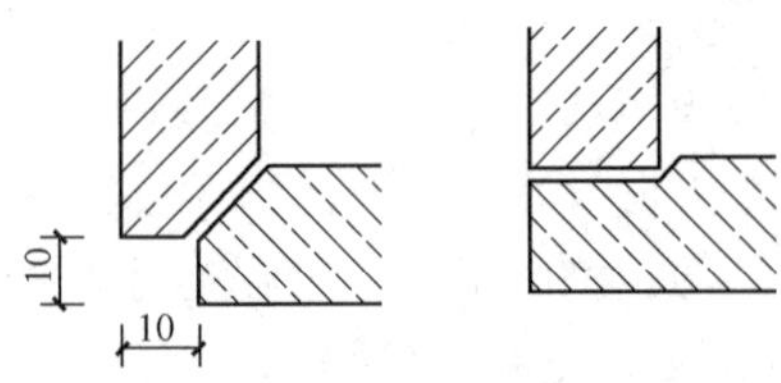

图 4-60　阳角处磨边卡角

预拼好的板料应按施工顺序编号，编号一般由下往上编排，然后分类竖向堆好备用。对于有缺陷的板材经过修补后可改小料用，或应用于阴角或靠近地面不显眼部位。

(5) 固定绑扎钢丝

固定绑扎钢丝（铜丝或不锈钢丝）采用开四道槽或三道槽方法。其操作方法：用电动手提式石材无齿切割机的圆锯片，在需绑丝的部位上开槽。四道槽的位置：板材背面的边角处开两条竖槽，其间距为 30～40 mm，板材侧边外的两竖槽位置上开一条横槽，再在板材背面上的两条竖槽位置下部开一条横槽，如图 4-61 所示。

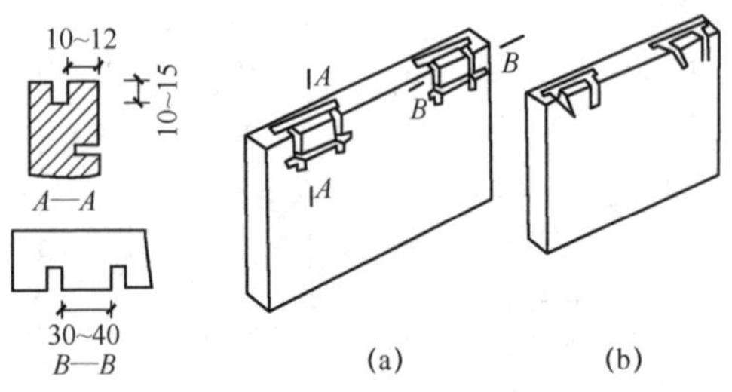

图 4-61　板材开槽方式

（a）四道槽；（b）三道槽

板材开好槽后，把备好的不锈钢或铜丝剪成 30 cm 长，并弯成 U 形。将 U 形绑丝先套入板材背横槽内，U 形绑丝的两条边从两条槽内通出后，在板材侧边横槽处交叉。但注意不应将钢丝拧得过紧，以防止拧断绑丝或把槽口弄断裂。

(6) 板块就位

安装一般由下往上进行，每层板块由中间或一端开始。先将墙面最下层的板块按地面标高线就位，如果地面未做出，就需用垫块把板块垫高至墙面标高线位置。然后使板材上口外仰，把下口不锈钢丝（或铜丝）绑好后用木楔垫稳。

随后用靠尺板检查平整度、垂直度，合格后系紧绑丝。最下一层定位后，再拉上一层垂直线和水平线来控制上一层安装质量，上口水平线应到灌浆后再拆除，如图 4-62 所示。

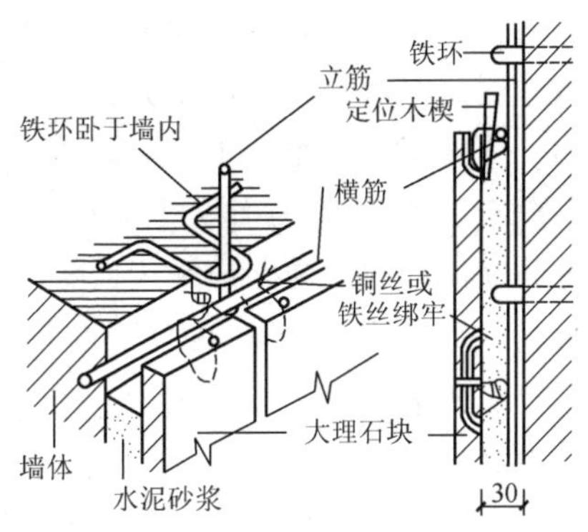

图 4-62 预埋件与钢筋绑扎示意

柱面可按顺时针安装，一般先从正面开始。第一层就位后，要用靠尺找垂直，用水平尺找平整，用方尺打好阴角、阳角。如发现板材规格不准确或板材间隙不匀，应用铅皮加垫，使板材间隙均匀一致，以保持每一层板材上口平直，为上一层板材安装打下基础。

(7) 固定板块

板材安装就位后，用纸或熟石膏将两侧缝隙堵严。上、下口临时固定较大的块材以及门窗碹脸饰面板应另加支撑加固，为了矫正视觉偏差，安装门窗碹脸时应按 1%起拱。

用熟石膏临时封固后，要及时用靠尺板、水平尺检查板面是否平直，保证板与板的交接处四角平直，如发现问题，立即校正，待石膏硬固后即可进行灌浆。

(8) 灌浆

用 1∶2.5（体积比）水泥砂浆，稠度 10～15 cm，分层灌注。灌注时用铁簸箕徐徐倒入板材内侧，不要只从一处灌注，也不能碰动板材，同时检查板材是否因灌浆而移位。第一层浇灌高度为 15 cm，即不得超过石板高度的 1/3 处。第一层灌浆很重要，要锚固下口绑丝及石板，所以操作时要轻，防止碰撞和猛灌，一旦发生板材外移、错动，应拆除重新安装。

第一次灌浆后稍停 1～2 h，待砂浆初凝无水溢出，并且板材无移动后，再进行第二次灌浆，高度为 10 cm 左右，即灌浆高度到达板材的 1/2 高度处，稍停 1～2 h，再灌第三次浆，灌浆高度到达离上口 5 cm 处，余量作为上层板材灌浆的接口。

当采用浅色的饰面板时，灌浆应采用白水泥和白石屑，以防透底影响美观。如为柱子贴面，在灌浆前用方木加工成夹具，夹住板材，以防止灌浆时板材外胀。

(9) 清理、嵌缝

三次灌浆完毕，砂浆初凝后就可清理板材上口余浆，并用棉丝擦干净。隔天再清理第一层板材上口木楔和有碍安装上口板材的石膏，以后用相同方法把上层板材下口绑丝拴在第一层板材上口固定的绑丝处（铜丝或不锈钢丝），依次进行安装。

柱面、墙面、门窗套等饰面板安装与地面块材铺设的关系，一般采取先做立面后做地面的方法，这种方法要求地面分块尺寸准确，边部块材切割整齐。也可采用先做地面后做立面的方法，这样可以解决边部块材不齐问题，但地面应加以保护，防止损坏。

嵌缝是全部板材安装完毕后的最后一道工序，首先应将板材表面清理干净，并按板材颜色调制水泥色浆嵌缝，边嵌缝边擦拭清洁，使缝隙密实干净、颜色一致。安装固定后的板材，如面层光泽受到影响，要重新打蜡上光。

10.3 湿作业改进法施工

(1) 基层处理

对混凝土墙、柱等凹凸不平处凿平后用 1∶3 水泥砂浆分层抹平。钢模混凝土墙面必须凿毛，并将基层清刷干净，浇水湿润。石材背面进行防碱背涂处理，代替洒水湿润，以防止锈蚀和泛碱现象。

预埋钢筋或贴模钢筋要先剔凿使其外露于墙面。无预埋筋处则应先探测结构钢筋位置，避开钢筋钻孔。孔径 25 mm、孔深 90 mm，用 M16 膨胀螺栓固定预埋件。

(2) 板材钻孔

直孔用台钻打眼，操作时应钉木架，使钻头直对板材上端面。一般在每块石板的上、下两个面打眼。孔位打在距板两端 1/4 处，每个面各打两个眼，孔径 5 mm、深 18 mm，孔位距石板背面以 8 mm 为宜。如石板宽度较大，中间再增打一孔，钻孔后用合金钢凿子朝石板背面的孔壁轻打剔凿，剔出深 4 mm 的槽，以便固定连接件，如图 4-63 所示。

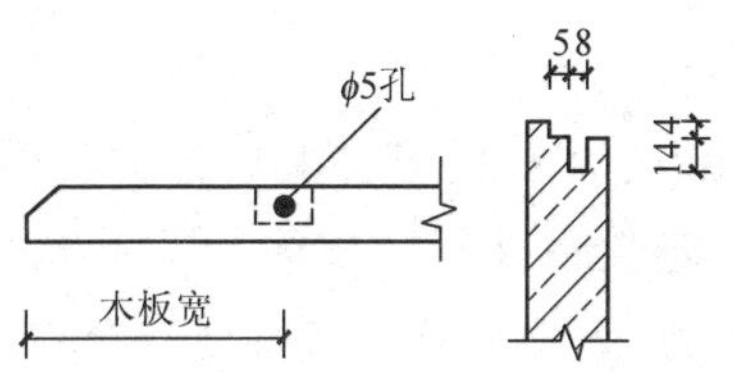

图 4-63 板材钻直孔剔槽示意

石材背面钻 135°斜孔，先用合金钢凿子在打孔平面剔窝，再用台钻直对石板背面打孔。将石板固定在 135°的木架上（或用摇臂钻斜对石板）打孔，孔深 5～8 mm，孔底距石板抹光面 9 mm，孔径 8 mm，如图 4-64 所示。

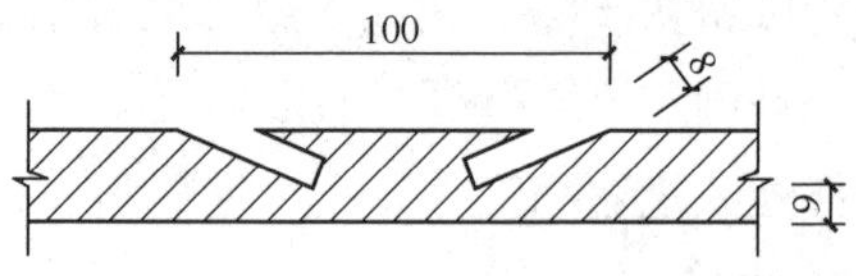

图 4-64 磨光花岗石加工示意

(3) 金属夹安装

把金属夹安装在板内 135°斜孔内，用胶固定，并与钢筋网连接牢固，如图 4-65 所示。

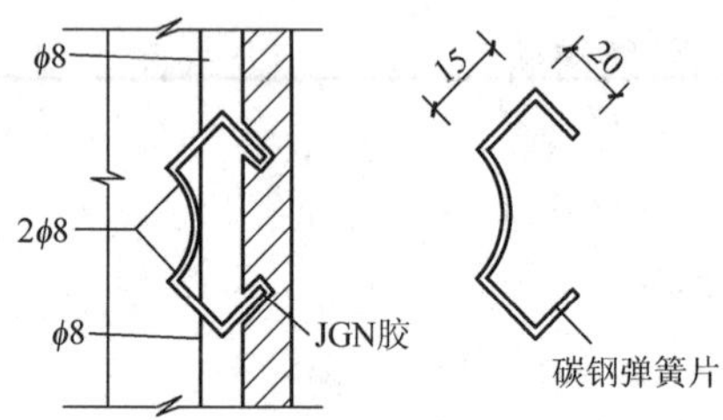

图 4-65 安装金属夹示意

(4) 绑扎钢筋网

先绑竖筋，竖筋与结构内预埋筋或预埋铁连接。横向钢筋根据石板规格，比石板低 20～30 mm 做固定拉接筋，其他横筋可根据设计间距均分。

(5) 安装板材

按试拼石板就位，石板板材上口外仰，将两板间连接筋（连接棍）对齐，连接件挂牢在横筋上，用木楔垫稳石板，用靠尺检查调整平直。一般均从左往右进行安装，柱面水平交圈安装，以便校正水平垂直度。四大角拉钢尺找直，每层石板应拉通线找平找直，阴阳角用方尺套方。如发现缝隙大小不均匀，应用薄钢板垫平，使石板缝隙均匀一致，并保证每层石板板材上口平直，然后用熟石膏固定。经检查无变形方可浇灌细石混凝土。

(6) 浇灌细石混凝土

把搅拌均匀的细石混凝土用铁簸箕徐徐倒入，不得碰动石板及石膏木楔。要求下料均匀，轻捣细石混凝土，直至无气泡。每层石板分三次浇灌，每次浇灌间隔 1 h 左右，待初凝后经检验无松动、变形，方可再次浇灌细石混凝土。第三次浇灌细石混凝土时上口留 50 mm，作为上层石板浇灌混凝土的结合层。

(7) 擦缝、打蜡

石板安装完后，清除所有石膏和余浆痕迹，用棉丝或抹布擦洗干净。按照板材颜色调制水泥浆嵌缝，边嵌缝边擦干净，以防污染石材表面，使之嵌缝密实、均匀，外观洁净，颜色一致，最后抛光上蜡。

10.4 顶面镶粘法施工

(1) 工艺流程

板材打孔（剔槽）、固定铜丝 → 基层打孔、固定铜丝 → 做支架 →

板材就位、绑固、调整 → 灌浆 → 装侧面板

(2) 操作工艺

①在安装上脸板时，如果尺寸不大，只需在板的两侧和外边侧面小边上钻孔，一般每边钻两孔，孔径 5 mm、孔深 18 mm。将铜丝插入孔内用木楔蘸环氧树脂固定，也可以钻成牛鼻子孔把铜丝穿人，后绑扎牢固。

②对尺寸较大的板材，除在侧边钻孔外，还要在板背适当的位置，用云石机先割出矩形凹槽，数量适当（依板的大小而增减），矩形槽入板深度以距板面不少于 12 mm 为准。矩形槽长 4～5 cm，宽 0.5～1 cm。切割后用錾子把中间部分剔除，为了剔除时方便快捷，可以把中间部分用云石机多切割几下。剔凿后形成凹入的矩形槽，矩形槽的双向截面，均应呈上小下大的梯形。

③然后把铜丝放入槽内，两端露出槽外，在槽内灌注 1∶2 水泥砂浆掺加水质量占 15％的乳液搅和的聚合物灰浆，或

用木块蘸环氧树脂填平凹槽，再用环氧树脂抹平的方法把铜丝固定在板材上（亦可用云石胶代替环氧树脂），如图 4-66 所示。

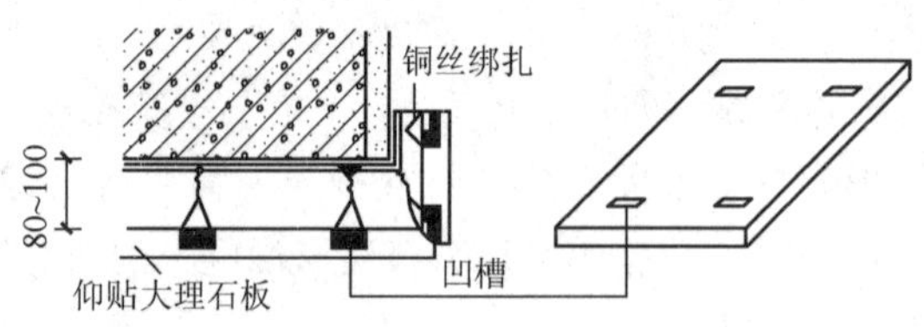

图 4-66　顶面镶粘示意

④安装时，在基层和板材背面涂刷素水泥浆，紧接着把板材背面朝上放在准备好的支架上，将铜丝与基层绑扎后经找方、调平、调正后，拧紧铜丝，用木楔子楔稳，视基层和板背素水泥浆的干湿度，喷水湿润（如果素水泥浆颜色较深说明吸水较慢，可以不必喷水）。

⑤然后将 1∶2 水泥砂浆内掺水质量占 15%的水泥乳液的干硬性砂浆灌入基层与板材的间隙中，边灌边用木棍捣固，要捣实，捣出灰浆来。

⑥3 d 后拆掉木楔，待砂浆与基层之间结合完好后，可以把支架拆掉。

⑦然后可进行门窗两边侧面板材的安装，侧面立板要把顶板的两端盖住，以加强顶板的牢固。

11　花饰和石膏装饰线施工技术

11.1　预制花饰安装

(1) 基层处理与弹线

①安装花饰的基体或基层表面应清理洁净、平整，要保证无灰尘、杂物及凹凸不平等现象。如遇平整度误差过大的基面，可用手持电动机具打磨或用砂纸磨平。

②按照设计要求的位置和尺寸，结合花饰图案，在墙、柱

或顶棚上进行实测并弹出中心线、分格线或相关的安装尺寸控制线。

③凡是采用木螺钉和螺栓进行固定的花饰，如体积较大的重型的水泥砂浆、水刷石、剁斧石、木质浮雕、玻璃钢、石膏及金属花饰等，应配合土建施工，事先在基体内预埋木砖、铁件或预留孔洞。如果预留孔洞，其孔径一般应比螺栓等紧固件的直径大出 12～16 mm，以便安装时进行填充作业，孔洞宜呈锥形孔。弹线后，必须复核预埋件及预留孔洞的数量、位置和间距尺寸；检查预埋件是否埋设牢固及预埋件与基层表面是否突出或内陷过多。同时要清除预埋件的锈迹，不论木砖或铁件，均应经防腐、防锈处理。

④在基层处理妥当后并经实测定位，一般即可正式安装花饰。但如果花饰造型复杂，其分块安装或图案拼镶要求较高并具有一定难度时，就必须按照设计及花饰制品的图案要求，并结合建筑部位的实际尺寸，进行预安装。预安装的效果经有关方面检查合格后，将饰件编号并按顺序堆放。对于较复杂的花饰图案在较重要的部位安装时，宜绘制大样图，施工时将单体饰件对号排布，要保证准确无误。

⑤在抹灰面上安装花饰时，应待抹灰层硬化固结后进行。安装镶贴花饰前，要浇水润湿基层。但如采用胶粘剂粘贴花饰时，应根据所采用的胶粘剂使用要求确定基层处理方法。

(2) 花饰粘贴法

一般轻型花饰采用粘贴法安装。粘贴材料根据花饰材料的品种选用。

①水泥砂浆花饰和水泥水刷石花饰，使用水泥砂浆或聚合物水泥砂浆粘贴。

②石膏花饰宜用石膏灰或水泥浆粘贴。

③木制花饰和塑料花饰可用胶粘剂粘贴，也可用钉固的方法。

④金属花饰宜用螺钉固定，根据构造可选用焊接安装。

⑤预制混凝土花格或浮面花饰制品，应用 1∶2 水泥砂浆砌筑，拼块用钢销子相互系固，并与结构连接牢固。

(3) 螺钉固定法

①在基层薄刮水泥砂浆一道，厚度 2～3 mm。

②水泥砂浆花饰或水刷石等类花饰的背面，用水稍加湿润，然后涂抹水泥砂浆或聚合物水泥砂浆，即将其与基层紧密贴敷。在镶贴时，注意把花饰上的预留孔眼对准预埋的木砖，然后拧上铜质、不锈钢或镀锌螺钉，要松紧适度。安装后用 1∶1 水泥砂浆或水泥素浆将螺钉孔眼及花饰与基层之间的缝隙嵌填密实，表面再用与花饰相同颜色的彩色（或单色）水泥浆或水泥砂浆修补至不留痕迹。修整时，应清除接缝周边的余浆，最后打磨光滑洁净。

③石膏花饰的安装方法与上述相同，但其与基层的黏结宜采用石膏灰、黏结石膏材料或白水泥浆；堵塞螺钉孔及嵌补缝隙等修整修饰处理也宜采用石膏灰、嵌缝石膏腻子。用木螺钉固定时不应拧得过紧，以防止损伤石膏花饰。

④对于钢丝网结构的吊顶或墙、柱体，其花饰的安装除按上述做法外，对于较重型的花饰应预设铜丝，安装时将其预设的铜丝与骨架主龙骨绑扎牢固。

(4) 螺栓固定法

①通过花饰上的预留孔，把花饰穿在建筑基体的预埋螺栓上。如不设预埋螺栓，也可采用膨胀螺栓固定，但要注意选择合适粗细和长度的螺栓。

②采用螺栓固定花饰的做法中，一般要求花饰与基层之间保持一定间隙，而不是将花饰背面紧贴基层，通常要留30～50 mm的缝隙，以便灌浆。这种间隙灌浆的控制方法是：在花饰与基层之间放置相应厚度的垫块，然后拧紧螺母。设置垫块时应考虑支模灌浆方便，避免产生空鼓。花饰安装时，应认真

检查花饰图案的完整和平直、端正，合格后，如果花饰的面积较大或安装高度较高时，还要采取临时支撑稳固措施。

③花饰临时固定后，用石膏将底线和两侧的缝隙堵住，即用1∶(2～2.5)水泥砂浆（稠度为8～12 cm）分层灌注。每次灌浆高度约为10 cm，待其初凝后再继续灌注。在建筑立面上按照图案组合的单元，自下而上依次安装、固定和灌浆。

④待水泥砂浆具有足够强度后，即可拆除临时支撑和模板。此时，还须将灌浆前堵缝的石膏清理掉，而后沿花饰图案周边用1∶1水泥砂浆将缝隙填塞饱满和平整，外表面采用与花饰相同颜色的砂浆嵌补，并保证不留痕迹。

⑤螺栓安装并加以灌浆稳固的花饰工程，主要是针对体积较大较重型的水泥砂浆花饰、水刷石及剁斧石等花饰的墙面安装工程。对于较轻型的石膏花饰或玻璃钢花饰等采用螺栓安装时，一般不采用灌浆做法，将其用黏结材料粘贴到位后，拧紧螺栓螺母即可。

(5) 胶粘剂粘贴法

较小型、轻型细部花饰，多采用粘贴法安装。有时根据施工部位或使用要求，在以胶粘剂镶贴的同时再辅以其他固定方法，以保证安装质量及使用安全，这是花饰工程应用最普遍的安装施工方法。粘贴花饰用的胶粘剂，应按花饰的材质品种选用。对于现场自行配制的黏结材料，其配合比应由试验确定。

目前成品胶粘剂种类繁多，如前述环氧树脂类胶粘剂，可适用混凝土、玻璃、砖石、陶瓷、木材、金属等花饰及其基层的粘贴；聚异氰酸酯胶粘剂及白乳胶，可用于塑料、木质花饰与水泥类基层的黏结；氯丁橡胶类的胶粘剂也可用于多种材质花饰的粘贴。此外还有通用型的建筑胶粘剂，如W-I、D型建筑胶粘剂、建筑多用胶粘剂等。选择时应明确所用胶粘剂的性能特点，按使用说明制备。花饰粘贴时，有的须采取临时支撑稳定措施，尤其是对于初粘强度不高的胶粘剂，应防止其移位

或坠落。以普通砖块组成各种图案的花格墙，砌筑方法与前述砖墙体基本相同，一般采用坐浆法砌筑。砌筑前先将尺寸分配好，使排砖图案均匀对称。砌筑宜采用 1∶2 或 1∶3 水泥砂浆，操作中灰缝要控制均匀，灰浆饱满密实，砖块安放要平正，搭接长度要一致。

砌筑完成后要划缝、清扫，最后进行勾缝。拼砖花饰墙图案多样，可根据构思进行创新，以丰富民间风格的花墙艺术形式。

(6) 焊接固定法

大重型金属花饰采用焊接固定法安装。根据设计构造，采用临时固挂的方法后，按设计要求先找正位置，焊接点应受力均匀，焊接质量应满足设计及有关规范的要求。

(7) 注意事项

①拆架子或搬动材料、设备及施工工具时，不得碰损花饰，注意保护完整。

②花饰安装必须选择适当的固定方法及粘贴材料。注意胶粘剂的品种、性能，防止粘不牢，造成开粘脱落。

③必须有用火证和设专人监护，并布置好防火器材，方可施工。

④在油漆中掺入稀释剂或快干剂时，禁止烟火，以免引起燃烧，发生火灾。

⑤注意弹线和块体拼接的精确程度，防止花饰安装的平直超偏。

⑥施工中及时清理施工现场，保持施工现场有秩序、整洁。工程完工后应将地面和现场清理整洁。

⑦施工中使用必要的脚手架，要注意地面保护，防止碰坏地面。

⑧螺钉和螺栓固定花饰不可硬拧，务必使各固定点平均受力，防止花饰扭曲变形和开裂。

⑨花饰安装后加强保护措施，保持已安装好的花饰完好洁净，以免弄脏。

⑩施工中要特别注意成品保护，刷漆。施工中防止洒漏，防止污染其他成品。花饰工程完成后，应设专人看管，防止摸碰和弄脏饰物。

(8) 质量标准

①花格、花饰的品种、规格、颜色、图案是否与设计要求相吻合。

②花格、花饰表面是否平整，色泽是否一致，有无缺棱掉角、裂纹、翘曲、变形和污染。

③填塞水泥砂浆和石膏腻子的部位是否密实，用轻质小锤敲击检查花饰与基体结合有无空鼓。

④固定花饰用的木砖若与砖石、混凝土接触时，应经防腐处理，所用的粘胶应按花饰的品种选用。

⑤花饰应与预埋在结构中的锚固件连接牢固。混凝土墙板上安装花饰用的锚固件，应在墙板浇筑时埋设在内。

⑥水泥花格、预制水刷石花饰、斩假石花饰、混凝土花格以及石膏花饰等制品的质量要求应符合表 4-6 的花饰制品质量要求。

表 4-6 花饰安装的允许偏差和检验方法

项次	项 目		允许偏差/mm		检验方法
			室内	室外	
1	条形花饰的水平度或垂直度	每米	1	2	拉线和用 1 m 垂直检测尺检查
		全长	3	6	
2	单独花饰中心位置偏移		10	15	拉线和用钢直尺检查

11.2 石膏花饰制作与安装

(1) 塑制实样（阳模）

塑制实样是花饰预制的关键，塑制实样前要审查图样，领

会花饰图案的细节，塑好的实样要求在花饰安装后不存水，不易断裂，没有倒角。塑制实样一般有刻花、垛花和泥塑三种。

①刻花。按设计图样做成实样即可满足要求。一般采用石膏灰浆或采用木材雕刻。

②垛花。一般用较稠的纸筋灰按设计花样轮廓垛出，用钢片或黄棉木做成的塑花板雕塑而成。由于纸筋灰的干缩率大，垛成的花样轮廓会缩小，因此，垛花时应比实样大出 2%左右。

③泥塑。用石膏灰浆或纸筋灰按设计图做成实样即可。

塑制实样应注意以下事项：

①阳模干燥后，表面应刷凡立水（或油脂）2～3 遍，若阳模是泥塑的，应刷 3～5 遍。每次刷凡立水，必须待前一次干燥后才能涂刷，否则凡立水易起皱皮，影响阳模及花饰的质量。刷凡立水的作用：其一是作为隔离层，使阳模易于在阴模中脱出；其二，在阴模中的残余水分，不至于在制作阴模时蒸发，使阴模表面产生小气孔，降低阴模的质量。

②实样（阳模）做好后，在纸筋灰或石膏实样上刷 3 遍漆片（为防止尚未蒸发的水分蒸发），以使模子光滑，再抹上调和好的油（黄油掺煤油），用明胶制模。

(2) 浇制阴模

浇制阴模的方法有两种：一种是硬模，适用于塑造水泥砂浆、水刷石、斩假石等花饰；一种是软模，适用于塑造石膏花饰。花饰花纹复杂和过大时要分块制作，一般每块边长不超过 50 cm，边长超过 50 cm 时，模内需加钢筋网或 8 号钢丝网。

①软模浇制。浇制软模的常用材料为明胶，也有用石膏浇制的。先将明胶隔水加热至 30 ℃，明胶开始熔化，温度达到 70 ℃时停止加热，并调拌均匀稍凉后即可灌注。其配合比为明胶∶水∶工业甘油＝1∶1∶0.125。当实样硬化后，先刷 3 遍漆片，再抹上掺煤油的黄油调和油料，然后灌注明胶。灌

注要一次完成，灌注后 8～12 h 取出实样，用明矾和碱水洗净。灌注成的软模，如出现花纹不清、边棱残缺、模型变样、表面不平和发毛等现象，须重新浇制。用软模浇制花饰时，每次浇制前在模子上需撒滑石粉或涂上其他无色隔离剂。软模制作适用于石膏花饰。

②硬模浇制。在实样硬化后，涂上一层稀机油或凡士林，再抹 5 mm 厚素水泥浆，待稍干收水后放好配筋，用 1∶2 水泥砂浆浇灌，也有采用细石混凝土的。一般模子的厚度要考虑硬模的刚度，最薄处要比花饰的最高点高出 2 cm。阴模浇灌后 3～5 d 倒出实样，并将阴模花纹修整清楚，用机油擦净，刷 3 遍漆片后备用。初次使用硬模时，需让硬模吸足油分。每次浇制花饰时，模子需要涂刷掺煤油的稀机油。硬模适用于预制水泥砂浆、水刷石、斩假石等水泥石碴类花饰。

(3) 花饰浇制

①花饰中的加固筋和锚固件的位置必须准确。加固筋可用麻丝、木板或竹片，不宜用钢筋，以免其生锈时石膏花饰被污染而泛黄。

②明胶阴模内应刷清油和无色纯净的润滑油各一遍，涂刷要均匀，不应刷得过厚或漏刷，要防止清油和油脂聚积在阴模的低凹处，造成烧制的石膏花饰出现细部不清晰和孔洞等缺陷。

③将浇制好的软模放在石膏垫板上，表面涂刷隔离剂不得有遗漏，也不可使隔离剂聚积在阴模低洼处，以防花饰产生孔眼。下面平放一块稍大的板子，然后将所用的麻丝、板条、竹条均匀分布放入，随即将石膏浆倒入明胶模，灌后刮平表面。待其硬化后，用尖刀将背面毛划净，使花饰安装时易与基层黏结牢固。

④石膏浆浇注后，一般经 10～15 min 即可脱模，具体时间以手摸略有热度时为准。脱模时还应注意从何处着手起翻比

较方便，又不致损坏花饰，脱模后须修理不齐之处。

⑤脱模后的花饰，应平放在木板上，在花脚、花叶、花面、花角等处，如有麻洞、不齐、不清、多角、凸出不平现象，应用石膏补满，并用多式凿子雕刻清晰。

(4) 石膏花饰安装

①按石膏花饰的型号、尺寸和安装位置，在每块石膏花饰的边缘抹好石膏腻子，然后平稳地支顶于楼板下。安装时，紧贴龙骨并用竹片或木片临时支住并加以固定，随后用镀锌木螺钉拧住固定，不宜拧得过紧，以防石膏花饰损坏。

②视石膏腻子的凝结时间而决定拆除支架的时间，一般以12 h拆除为宜。

③拆除支架后，用石膏腻子将两块相邻花饰的缝填满抹平，待凝固后打磨平整。螺钉孔，应用白水泥浆填嵌密实且用石膏修平。

④花饰应与预埋在结构中的锚固件连接牢固。薄浮雕和高凸浮雕安装宜与镶贴饰面板、饰面砖同时进行。

⑤在抹灰面上安装花饰，应待抹灰层硬化后进行。安装时应防止灰浆流坠污染墙面。

⑥花饰安装后，不得有歪斜、装反和镶接处的花枝、花叶、花瓣错乱，花面不清等现象。

11.3 水泥花格安装

(1) 单一或多种构件拼装

单一或多种构件的拼装程序：预排→拉线→拼装→刷面。

①预排。先在拟定装花格部位，按构件排列形状和尺寸标定位置，然后用构件进行预排调缝。

②拉线。调整好构件的位置后，在横向拉画线，画线应用水平尺和线锤找平找直，以保证安装后构件位置准确，表面平整，不致出现前后错动、缝隙不均等现象。

③拼装。从下而上将构件拼装在一起，拼装缝用

(1∶2)～(1∶2.5)水泥砂浆砌筑。构件相互之间连接是在两构件的预留孔内插入钢筋销子系固，然后用水泥砂浆灌实。拼砌的花格饰件四周应用锚固件与墙、柱或梁连接牢固。

④刷面。拼装后的花格应刷各种涂料。水磨石花格因在制作时已用彩色石子或颜料调出装饰色，可不必刷涂。如需要刷涂时，刷涂方法同墙面。

(2) 竖向混凝土组装花格

竖向混凝土花格的组装程序：预埋件留槽→立板连接→安装花格。

①预埋件留槽。竖向板与上下墙体或梁连接时，在上下连接点，要根据竖板间隔尺寸埋入预埋件或留凹槽。若竖向板间插入花饰，板上也应埋件或留槽。

②立板连接。在拟安板部位将板立起，用线坠吊直，并与墙、梁上埋件或凹槽连在一起，连接节点可采用焊、拧等方法。

③安装花格。竖板中加花格也采用焊、拧和插入凹槽的方法。焊接花格可在竖板立完固定后进行，插入凹槽的安装应与装竖板同时进行。

第五步
保障施工安全

1 熟记安全须知

1.1 建筑工人安全教育

①新进场或转场工人必须经过安全教育培训，经考核合格后才能上岗。

②每年至少接受一次安全生产教育培训，教育培训及考核情况统一归档管理。

③季节性施工、节假日后，待工复工或变换工地也必须接受相关的安全生产教育或培训。

1.2 建筑工人安全交底

施工作业人员必须接受工程技术人员书面的安全技术交底，并履行签字手续，同时参加班前安全活动。

1.3 建筑施工安全通道

应按指定的安全通道行走，不得在工作区域或建筑物内抄近路穿行或攀登跨越“禁止通行”的区域。

1.4 建筑施工防护用品

①进入工地必须戴安全帽，并系紧下颌带；女工的发辫要盘在安全帽内。

②在 2 m 以上（含 2 m）有可能坠落的高处作业，必须系好安全带；安全带应高挂低用。

③禁止穿高跟鞋、硬底鞋、拖鞋及赤脚、光背进入工地。

④作业时应穿“三紧”（袖口紧、下摆紧、裤脚紧）工作服。

1.5 建筑施工设备安全

①不得随意拆卸或改变机械设备的防护罩。

②施工作业人员无证不得操作特种机械设备。

1.6 建筑施工安全设施

不得随意拆改各类安全防护设施（如防护栏杆、防护门、预留洞口盖板等）。

1.7 建筑施工安全操作

①正确使用个人防护用品和安全防护措施。

进入施工现场，必须戴安全帽，禁止穿拖鞋或光脚。在没有防护设施的高空、悬崖和陡坡施工，必须系安全带。

②室内抹灰使用的木凳、金属支架应搭设平稳牢固，脚手板跨度不得大于 2 m。架上堆放材料不得过于集中，在同一跨度内不应超过两人。

③不准在门窗、暖气片、洗脸池等器物上搭设脚手架。阳台部位粉刷，外侧必须挂设安全网，严禁踩踏脚手架的护身栏杆和阳台栏板进行操作。

④机械喷灰应戴防护用品，压力表、安全阀应灵敏可靠，输浆管各部位接口应拧牢固。管路摆放顺直，避免折弯。

⑤输浆应严格按照规定压力进行，超压和管道堵塞，应卸压检修。

⑥贴面使用预制件、大理石、瓷砖等，应堆放整齐平稳，边用边运。安装要稳拿稳放，待灌浆凝固稳定后，方可拆除临时支撑。

⑦使用磨石机，应戴绝缘手套穿胶靴，电源线不得破皮漏电，金刚砂块安装必须牢固，经试运转正常，方可操作。

⑧脚手架铺板高度超过 2 m 时，应由架子工按规定支搭脚

手架。经检查验收后方可操作。

⑨使用人字梯或靠梯在光滑的地面上操作，梯子下脚要绑麻布或胶皮并加拉结绳，脚手板不要放在最高一档上。脚手板两端搭头长度不少于 20 cm，跳板净跨不得大于 2 m。脚手板上不得同时站两人操作。

⑩用石灰水喷浆时，应将手、脸抹上凡士林或护肤膏，并戴上防护镜和口罩，以免灼伤皮肤。

⑪如在阳台上操作，上跳板人员应系好安全带。

1.8　建筑施工用电安全

①不得私自乱拉接电源线，应由专职电工安装操作。

②不得随意接长手持、移动电动工具的电源线或更换其插头；施工现场禁止使用明插座或线轴盘。

③禁止在电线上挂晒衣服。

④发生意外触电，应立即切断电源后进行急救。

1.9　建筑施工防火安全

①吸烟应在指定“吸烟点”。

②禁止在宿舍使用煤油炉、液化气以及电炉、电热棒、电饭煲、电炒锅、电热毯等电器。

③发生火情及时报告。

1.10　建筑施工文明行为

①进行工地服装应整洁，必须佩戴工作卡。

②保持作业场所整洁，要做到工完料净地清，不能随意抛撒物料；物料要堆放整洁。

③在工地禁止嬉闹及酒后工作；员工应互相帮助，自尊自爱，禁止赌博等违法行为。

④施工现场严禁焚烧各类废弃物。

1.11　建筑施工事故报告

发生生产安全事故应立即向管理人员报告，并在管理人员的指挥下积极参与抢救受伤人员。

1.12 建筑施工卫生与健康

①注意饮食卫生，不吃变质饭菜；应喝开水，不要喝生水。

②讲究个人卫生，勤洗澡，勤换衣。

③出现身体不适或生病时，应及时就医，不要带病工作。

④宿舍被褥应叠放整齐、个人用具按次序摆放；保持室内、室外环境整洁。

⑤员工应注意劳逸结合，积极参与健康的文体活动。

2 读懂安全标志牌

2.1 标志牌设置原则

(1) 工厂外大门口需要的安全标志牌

①在有车辆出入的大门需要设置限高、限宽的相关安全标志牌。

② “禁止吸烟”安全标志牌。

③根据工厂情况设置安全防护标志。如：“必须戴安全帽”“必须戴防护眼镜”“必须穿防护鞋”。

(2) 工厂内部需要的安全标志牌

①在相关的场所设置警示标志。

②在配电室、开关等场所设置“当心触电”。

③在易发生机械卷入、轧压、碾压、剪切等伤害的机械作业车间，设置“当心机械伤人”。

④在易造成手部伤害的机械加工车间，设置“当心伤手”。

⑤在铸造车间及有尖角散料等易造成脚部伤害的车间，设置“当心扎脚”。

⑥在需要采取防护的相关车间门口设置强制采用防范措施

的图形标志。

⑦在易发生飞溅的车间，如焊接、切割、机加工等车间，设置“必须戴防护眼镜”。

⑧在噪声超过 85 dB 的车间，设置“必须戴护耳器”。

⑨在易伤害手部的作业场所，如易割伤手的机械加工车间，易发生触电危险的作业点等，设置“必须戴防护手套”。

⑩在易造成脚部砸（刺）伤的车间，设置“必须穿防护鞋”。

(3) 用警示条纹带区分不同的工作场所

①重要的或危险的生产加工区可用红黄斑马带圈定，并在显著位置加贴“危险”警示标志牌，以示说明。

②一般的工作区或临时仓储区等，可用黄黑斑马带圈定，加贴“警告”标志牌。

③其他区域，如安全通道区域的警示标志牌可加贴“注意”“小心”等标志牌，以示说明。

(4) 逃生路线及应急设备

①用圆点和箭头标出逃生路线的方向，以最近的“出口”为准。

②用标贴贴于有棱角、坡度、扶手和把手等的位置，以显出层次感。

③有台阶、坡度或易滑的位置，可使用防滑贴加以预防。

④所有“出口”都应在显著位置加贴“出口”标志牌（有要求可安装应急灯或采用荧光标志牌）

⑤在配电房、空压房等设备室房门上加贴“不准进入”和其他警示标识，以示说明。

⑥在所有应急设备旁，如“119”“消火栓”“洗眼站”等，加贴说明标志牌。

(5) 管道标志

①在各种管道上加贴标签，标明层次、管道中的介质以及

流向。

②交通部门需要的安全标志牌。

2.2 常见标志牌

(1) 禁止标志

禁止标志如图 5-1 所示。

图 5-1 禁止标志

(2) 警告标志

警告标志如图 5-2 所示。

图 5-2 警告标志

(3) 指令标志

指令标志如图 5-3 所示。

图 5-3　指令标志

(4) 指示标志

指示标志如图 5-4 所示。

图 5-4　指示标志

参考文献

[1] 戴忆帆. 抹灰工技术 [M]//农家致富金钥匙. 福州：福建科技出版社，2011.
[2] 建设部人事教育司组织. 抹灰工 [M]//建筑业农民工业余学校培训教材. 北京：中国建筑工业出版社，2007.
[3] 编委会. 漫话我当抹灰工 [M]//我当建筑工人丛书. 北京：中国建筑工业出版社，2010.
[4] 唐晓东. 抹灰工 [M]//建筑工人便携手册. 北京：中国电力出版社，2012.
[5] 薛俊高. 抹灰工 [M]//装修施工一本通. 北京：化学工业出版社，2014.
[6] 编委会. 抹灰工长上岗指南——不可不知的500个关键细节 [M]//工长上岗指南系列丛书. 北京：中国建材工业出版社，2013.
[7] 唐晓东. 抹灰工长速查 [M]//建筑工长常用数据速查掌中宝丛书. 北京：化学工业出版社，2010.
[8] 文典，谢青云. 抹灰工 [M]//土木建筑类职业技能岗位培训系列教材. 武汉：武汉理工大学出版社，2012.